DEUX HYPOTHÈSES

SUR L'HÉRÉDITÉ

PAR

Mme CLÉMENCE ROYER

PARIS
ERNEST LEROUX, ÉDITEUR
LIBRAIRE DE LA SOCIÉTÉ ASIATIQUE DE PARIS, DE L'ÉCOLE DES LANGUES ORIENTALES VIVANTES
DES SOCIÉTÉS DE CALCUTTA
DE NEW-HAVEN (ÉTATS-UNIS), DE SHANGHAI (CHINE), ETC
28, RUE BONAPARTE, 28

1877

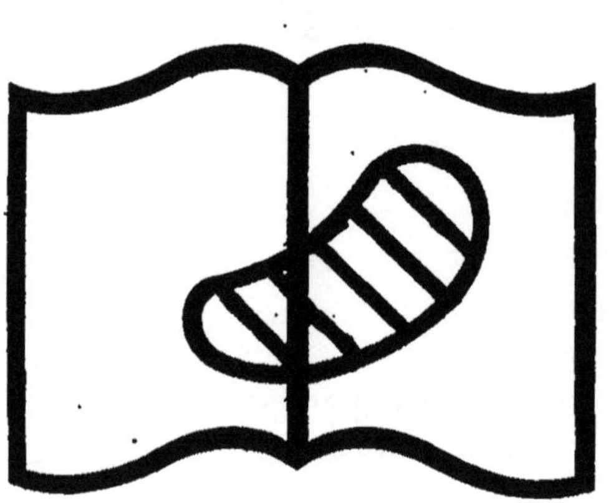

Illisibilité partielle

Paris. — Typographie A. Hennuyer, rue d'Arcet, 7.

DEUX HYPOTHÈSES

SUR L'HÉRÉDITÉ

PAR

Mme CLÉMENCE ROYER

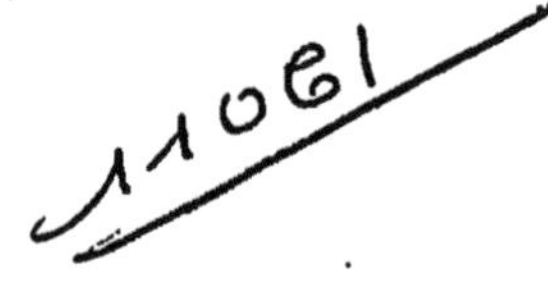

PARIS

ERNEST LEROUX, ÉDITEUR

LIBRAIRE DE LA SOCIÉTÉ ASIATIQUE DE PARIS, DE L'ÉCOLE DES LANGUES ORIENTALES VIVANTES
DES SOCIÉTÉS DE CALCUTTA
DE NEW-HAVEN (ÉTATS-UNIS), DE SHANGHAI (CHINE), ETC.

28, RUE BONAPARTE, 28

1877

DEUX HYPOTHÈSES SUR L'HÉRÉDITÉ

LA PANGÉNÈSE

I

Si aucun fait, aucune loi n'est plus universellement constatée que la transmission plus ou moins fidèle des caractères d'un être vivant à ses descendants généalogiques, il n'en est point, jusqu'aujourd'hui, de plus mystérieuse, de plus complétement inexpliquée.

Les enfants ressemblent généralement à leurs parents, mais pas toujours exactement; les petits-fils reproduisent aussi souvent le type des aïeux, ou les neveux celui de leurs oncles, quelquefois en effaçant plus ou moins les traits paternels ou maternels. Mais, en somme, dans une race, la constance du type est la loi la plus générale, avec de nombreuses exceptions.

Dans les croisements entre races fixes et pures, on voit apparaître, parmi plusieurs métis, chez lesquels les caractères des deux types alliés se mélangent diversement, d'autres individus qui, au contraire, les reproduisent à peu près dans leur pureté.

De même, entre espèces considérées comme bien distinctes, quand les hybrides sont féconds pendant plusieurs générations successives, ce qui est rare, mais non sans exemple, si les premiers hybrides présentent, comme les métis, un assemblage capricieux des caractères des deux souches; généralement, on voit aux générations suivantes un des deux types absorber l'autre, ou, moins fréquemment, l'un et l'autre reparaître inaltérés en des sujets différents. Si ces derniers sont croisés de nouveau, ce qui, du reste, a été rarement essayé pendant un nombre suffisant de générations, le résultat est très-complexe, très-capricieux, ce semble, comme l'effet d'une résultante de forces divergentes très-compliquées agissant différemment sur chaque sujet. Les uns se comportent parfois comme deux souches mères inaltérées; les autres, comme deux races; c'est-à-dire donnent parfois des produits mixtes, d'autres fois des individus de types purs. C'est une énigme que la nature donne à deviner à l'homme et qu'elle semble se complaire à embrouiller; car, si les règles que nous venons d'énoncer sont très-générales, elles donnent lieu à chaque instant à des exceptions qui déroutent tous les calculs.

C'est que le phénomène de la génération est aussi très-complexe. Il se présente à nous sous les formes les plus diverses : concours de deux individus de sexes différents, ou sexualité dioïque, de deux sexes rassemblés sur le même individu ou sexualité monoïque, hermaphrodisme complet, quelquefois fécondation réciproque ou hermaphrodisme incomplet, puis parthénogénèse normale ou anormale, génération alternante, viviparité, oviparité, scissiparité, gemmation, bourgeonnement, bouture, greffe, reproduction partielle ou totale d'organes amputés, parfois très-compliqués, ou simplement cicatrisation d'une blessure insignifiante. Voilà ce que Ch. Darwin a tenté d'expliquer, il y a quelques années, par son hypothèse de la pangénèse, en même temps que la transmission totale ou partielle des caractères typiques des ascendants aux descendants (1).

La tâche était ardue. Mieux eût valu peut-être, pour l'auteur de l'*Origine des espèces*, ne pas l'entreprendre, du moins si hâtivement. Il a passé sa vie à mûrir la théorie de sélection naturelle ; et c'est un édifice solidement construit, qui suffisait à immortaliser son nom. Il est à craindre que la pangénèse n'en obscurcisse un peu l'éclat. Appendice inutile à la fin de son livre sur la *variation des animaux et des plantes sous l'action de la domestication*, c'est une hypothèse qui n'explique rien, tant elle est elle-même inexplicable, et qui, ne s'appuyant sur aucun fait connu, ne reposant même sur aucune loi physiologique ne paraît pas destinée à vivre.

II

Ch. Darwin part du principe, plein de promesses pour l'avenir, et généralement admis par les naturalistes philosophes, de l'indépendance des éléments anatomiques et même histologiques des êtres vivants. Avec la plupart de nos physiologistes les plus éminents, il voit dans la cellule le point de départ et la matière

(1) *Variation des animaux et des plantes sous l'action de la domestication*, par Ch. Darwin, traduit en français par Moulinié. 2 vol. in-8°, Reinwald, 1869.

première de toute organisation. Chaque cellule, on le sait, est animée d'une vie propre, en vertu de laquelle elle produit d'autres cellules semblables ou différentes, et, par cette faculté de génération, indépendante de tous les éléments constituants de l'organisme, se forment successivement tous les tissus, tous les organes d'un être, « l'un, dit Ch. Robin, étant constamment la condition de ceux qui suivent. » Jusque-là, Ch. Darwin est avec la science contemporaine (1), et nous le suivons volontiers.

Mais il continue seul sa route vers l'hypothèse, lorsqu'il suppose, par suite d'une analogie fautive, bâtie sur les noms des choses plutôt que sur leurs rapports réels, que, puisque chaque cellule a la faculté de générer d'autres cellules, ce que tout le monde peut voir et constater, elle doit avoir aussi celle de produire des germes de cellules. Il y a là une très-fausse notion du germe lui-même, qui tend à lui enlever son caractère de phénomène physique, réel et tangible, pour en faire une sorte d'entité métaphysique, affranchie des lois de la matérialité, bien que produite et créée par la matière et en elle.

Qu'est-ce qu'un germe, pour le physiologiste? Ce n'est point un principe métaphysique impalpable, inétendu, premier; c'est déjà un organisme visible, composé d'un certain nombre de cellules vivantes, qui, en certaines circonstances données, continueront leur évolution en générant d'autres cellules, suivant une certaine loi, fixe pour chaque race, quant à ses phases principales de développement, mais en réalité plus ou moins variable chez chaque unité ou individualité organique, quant aux détails. Si chaque cellule d'un germe a été elle-même germe de cellule, il y aurait donc des germes de germes, et ces germes eux-mêmes resteraient inexpliqués, à moins qu'ils ne proviennent d'autres germes antérieurs : ce qui serait sans fin. Un germe est donc le premier produit de l'organisation; il n'en est pas le point de départ, le principe, il est effet et non cause, et doit avoir été causé en vertu des lois communes au monde matériel.

Tout le monde peut voir une cellule en produire d'autres. Il suffit pour cela d'enlever un millimètre carré de peau et d'examiner au microscope ce qui se passe dans la blessure. Mais les germes de ces cellules produites, qui les a vus? Personne. Ils

(1) *De l'appropriation des particules organiques*, etc., par Ch. Robin. *Revue de philosophie positive*, avril et mai, juin et juillet, août et septembre 1869.

sont comme les germes de M. Pasteur, invisibles, insaisissables. Tout ce que M. Pasteur semble avoir prouvé, c'est que les poussières de l'air apportent à la production d'organismes vivants des matériaux ou des forces qui lui sont nécessaires ; mais il reste à démontrer que ces matériaux soient des germes déjà préorganisés et vivants. La pangénèse de M. Darwin est, comme la panspermie de M. Pasteur, une hypothèse qui manque de base, c'est-à-dire d'un fait premier, réel, constaté et expliqué lui-même.

Si la cellule organique produite produit à son tour d'autres cellules, ce n'est nullement à la manière des poules pondant leurs œufs, qui ne sont des germes que parce qu'ils renferment une agglomération de cellules déjà organisées ; mais comme un cristal de glace formé à la surface d'une nappe d'eau attire à lui d'autres molécules d'eau pour en faire d'autres cristaux de même forme fondamentale. Ce n'est pas une génération, c'est une végétation, une évolution. Rien de nouveau n'a été produit, créé. Il y a eu tout simplement un changement d'état de la matière ambiante, une transformation de forces et de formes.

Mais que deviennent, selon Ch. Darwin, ces germes de cellules, une fois produits par la cellule mère, ou plutôt émanés d'elle? Comme les particules organiques de Buffon, ils voyageront, sans doute avec les fluides vitaux, dans tout l'être organisé, de cellule en cellule, de fibre en fibre, à travers solides et liquides, parois et vacuoles. Ils sont si ténus, que rien ne les arrête dans leur course. Ce sont moins que des atomes ; ce sont des points géométriques, et rien dans le monde physique ne peut nous en donner l'idée. Il faut que notre imagination, plongeant dans l'abîme de l'infiniment petit, y supplée. De plus, ils seront si intelligents, ces petits germes, qu'au lieu de se laisser entraîner hors de l'organisme, avec tous les détritus de la combustion vitale qu'il élimine constamment, ils y demeureront à jamais, entassés, multipliés à l'infini, et pourtant toujours latents et invisibles. Ils ne donneront signe de vie que pour produire périodiquement, chez l'être qu'ils habitent, soit des bourgeons, soit des ovules ; ou, pour féconder ceux-ci, des zoospores ou des zoospermes ; ou encore, au besoin, pour reconstruire la patte coupée d'une salamandre ou d'une écrevisse ; ou enfin, pour reconstruire ce petit morceau de peau que nous supposions enlevé tout à l'heure pour saisir sur le fait le travail de reproduction de la cellule par la cellule. De sorte qu'en ce dernier cas, ce ne seraient nullement les cellules voisines qui en reproduiraient d'autres, de manière à faire disparaître la solution de continuité produite dans notre tissu muqueux, mais tous les petits germes en voyage à travers nos autres organes qui accourraient en foule réparer la petite lésion soufferte par notre édifice organique. C'est comme si, un trou ayant été fait dans le mur d'une maison, les maçons, au lieu d'employer des matériaux neufs, allaient recueillir un atome de chacun des grains de sable ou de chaux avec lesquels elle est construite, afin d'en faire la pierre nécessaire pour rebâtir le pan détruit.

Chez les végétaux ou les animaux à génération scissipare, ces germes devraient être partout répandus, soit pour produire le bourgeonnement régulier, soit pour compléter au besoin l'unité détruite de l'être organisé, s'il venait à être amputé de quelqu'une de ses parties. Ce seraient donc ces germes qui procureraient à une bouture d'arbre des racines, ainsi que de nouveaux bourgeons et des graines, ou bien qui fourniraient une tête et une queue aux deux moitiés coupées d'un lombric. Mais chez les êtres supérieurs sexués, au contraire, leurs fonctions consisteraient presque exclusivement à se donner rendez-vous en grand nombre dans les organes de la génération pour y attendre l'occasion d'agir, les uns dans les ovaires de la femelle, les autres dans les testicules du mâle.

Chaque germe, émané d'une cellule chez l'ancêtre, jouirait de la propriété de reproduire, chez le descendant, une cellule en tout semblable à celle dont il provient, juste au même lieu, dans la même partie du même organe : c'est de la pantographie cellulaire. Un germe, sorti d'une cellule formant l'extrémité d'un poil brun chez le père, irait produire une cellule parfaitement semblable au bout du même poil, de même couleur, croissant chez le fils, juste au même endroit et au même âge, à la même minute de sa vie ou seulement peut-être un peu plus tôt.

On se demande alors, s'il n'y aurait pas conflit entre ce germe de cellule et quelque autre germe sorti d'une cellule maternelle, qui réclamerait juste la même place pour une cellule partie d'un grain de beauté. Il semble bien difficile d'expliquer avec cela comment des différences sexuelles peuvent arriver à se produire; comment il se peut qu'il faille deux individus pour en générer un qui n'est pas double, puisque chaque cellule de cet être unique résultant doit provenir d'un combat entre deux germes, l'un mâle, l'autre femelle, qui réclament chacun sa place. Dans le cas où chaque cellule du père et chaque cellule de la mère n'auraient pas envoyé leur germe à l'enfant, et où ces germes incomplets se seraient mal répartis, mal distribués chez celui-ci, il pourrait naître avec un côté mâle, un côté femelle, une tête ou des membres d'homme et un torse de femme.

Mais comment expliquer de plus que les enfants ressemblent si incomplétement à leurs parents, et parfois reproduisent, au lieu de leurs traits, ceux d'ancêtres éloignés ? Selon M. Darwin, c'est que les germes cellulaires ont la faculté de rester à l'état latent pendant un certain nombre de générations, en se transmettant de l'une à l'autre, par une sorte de partage entre les enfants de chaque lignée. Ainsi, non-seulement chaque individu vivant serait la demeure de tous les germes produits en nombre infini pendant toute sa vie par toutes les cellules qui font ou ont fait partie de son organisme depuis qu'il est au monde, mais encore d'une partie des germes produits par toutes les cellules qui ont appartenu à chacun de ses ancêtres jusqu'à douze ou vingt générations en arrière.

Ainsi, chez le pigeon bleu à plumes barrées de noir, provenant d'un croisement entre un pigeon messager et un barbe, tous deux de races pures, les caractères ataviques de la livrée du biset, leur souche commune, seraient reproduits par les germes de cellules provenant des plumes de la queue et des ailes d'un pigeon biset qui aurait vécu au temps d'Akbar Kihan, ou peut-être été sacrifié sur la table d'un Pharaon égyptien.

Comme toute théorie de la génération ou de la transformation des êtres organisés n'est valable qu'à la condition de pouvoir s'appliquer à l'humanité et d'expliquer ses origines soit individuelles, soit spécifiques, il faudrait admettre que, chez les représentants vivants de la famille des Bourbons, peuvent circuler encore, à l'état latent ou actif, quelques-uns des germes cellulaires de Henri IV, de saint Louis, de Hugues Capet. Comme les Bourbons ont occupé la plupart des trônes d'Europe, qu'ils ont épousé des femmes de la maison d'Autriche ou d'autres maisons impériales antérieures dont les membres s'étaient antérieurement alliés avec des femmes issues de la souche de Charlemagne par ses bâtards ou ses filles, des germes cellulaires de ce monarque peuvent s'être transmis, d'un côté, aux princes d'Orléans et au comte de Chambord, et de l'autre, à presque tous les princes ou principicules qui, depuis cette époque, ont régné sur les divers peuples européens, nécessairement avec d'autres germes issus de toutes les souches généalogiques avec lesquelles ils ont mêlé leur sang.

De sorte qu'aux mille milliers de germes produits par lui-même durant sa vie se joindraient, chez chaque individu humain, les milliers de milliers de germes que lui ont légués son père et sa mère, eux-mêmes créateurs de leurs propres germes, et héritiers des millions de milliards de germes qui leur ont été transmis par les rameaux les plus éloignés de leur double arbre généalogique.

Or, de la mère aux enfants, la transmission de cette somme fabuleuse de germes, de cette quantité inimaginable d'éléments organisateurs, se conçoit encore, puisque l'ovule produit par la mère est un corps organisé, de grandeur appréciable, et qui, durant son développement intra-utérin, est nourri de la substance maternelle. Mais s'il est vrai, comme tout tend à l'établir, que, dans l'acte générateur, le père ne donne à l'enfant que quelques zoospermes microscopiques, où même un seul, dans ce seul zoosperme, qui va éveiller le mouvement vital de la cellule germinative de l'ovule, doit être contenue toute cette généalogie. Nous arrivons donc à dépasser ici les merveilles de la théorie de l'emboîtement.

C'est cependant par cette hypothèse que Ch. Darwin a voulu expliquer comment, dans une race pure, les caractères se transmettent généralement inaltérés, les germes provenant d'individus semblables devant reproduire leur semblable ; comment, au contraire, chez le produit métis, les germes émanés de races différentes produisent, tantôt des caractères mixtes, tantôt des individus de type pur, selon que s'est fait un partage égal des germes des deux souches, ou que tous ceux d'une souche sont restés latents, tandis que ceux de l'autre souche ont agi ; comment, de même, chez les hybrides, les germes des deux espèces pures se sont partagé les organes du produit pour le faire ressembler par certains caractères au père, et par d'autres à la mère, aux premières générations ; comment, aux générations subséquentes, ils ont une tendance à s'annuler les uns les autres, qui produit la fréquente stérilité des hybrides, ou bien à être absorbés les uns par les autres, en quel cas, il y a retour des produits à l'un des deux types; comment les caractères ataviques produits par le croisement entre deux races fixes, mais de même souche, sont dus à l'action des germes dérivés de cette souche à douze ou vingt générations en arrière, et restés latents chez des générations intermédiaires; de plus, comment enfin les germes circulant dans une greffe agissent seuls dans les rameaux qu'elle produit, annulant les germes qui circulent dans le tronc greffé; et comment les germes emprisonnés dans un segment d'hydre, de polype ou de lombric, ont le pouvoir de compléter chacun d'eux pour en faire une hydre, un polype, un lombric entier, ou de réparer juste quelque partie enlevée chez d'autres êtres de type supérieur, et rien de plus.

III

Même en admettant le point de départ de l'hypothèse de Ch. Darwin, elle donnerait encore lieu à bien des objections.

Si, par exemple, toute cellule ne peut jamais être que le produit d'un germe de cellule identique, ayant vécu dans la même partie d'un organe chez le même individu, ou chez un de ses ancêtres; comme pour expliquer la cicatrisation de la moindre blessure, ou la reproduction d'un millimètre de peau, il est impossible d'admettre qu'une même blessure ait toujours été faite juste dans les mêmes conditions chez un ancêtre proche ou éloigné, il faudra supposer que les germes des cellules enlevées, en circulant dans l'organisme, s'empressent, aussitôt leur ablation ou leur décomposition, de venir la reproduire : c'est leur prêter une précision de mouvements qui dépasse toutes les merveilles de l'instinct, et défie tous les calculs, même de l'intelligence.

Toute blessure, toute cicatrisation donne lieu d'ailleurs à une foule de productions organiques anormales, pathologiques; à des excroissances, des croûtes, des indurations, formées de tissus particuliers, et abreuvés de liquides d'une composition souvent spéciale. Ces tissus, n'étant pas identiques aux tissus normaux enlevés, ne peuvent provenir des germes de cellules émanés préalablement de ces derniers. Il faudra donc croire que, chez tout être, des germes de cellules tout spéciaux sont produits dans chaque partie d'organe, dans chacun de ses éléments histologiques, à seule fin de le réparer, s'il vient à être détruit, et se transmettent comme les autres, généalogiquement. Mais comment expliquer alors les cicatrisations, les réparations incomplètes? Pourquoi, chez le mammifère supérieur, une tête ne se reproduit-elle pas, comme chez le lombric? Pourquoi un membre coupé ne repousse-t-il pas comme chez l'écrevisse?

Il y a une objection beaucoup plus forte; c'est que, si la pangénèse était vraie, elle détruirait toute la théorie de transformation par sélection naturelle. Car, si toute cellule produite chez le descendant est due à l'évolution d'un germe d'une cellule identique chez un ancêtre; tous les caractères étant ataviques et ne pouvant se produire qu'à la condition d'avoir existé préalablement, on ne peut concevoir que, dans la suite des temps, les formes de la vie aient changé; que de nouveaux organes aient apparu, se soient perfectionnés; qu'un progrès sensible se soit manifesté dans toute l'échelle organique; qu'il n'ait pas toujours existé, à toutes les époques, des téléostéens parmi les poissons, des tortues parmi les reptiles, des oiseaux et des mammifères et, parmi ces derniers, des hommes identiques aux hommes d'aujourd'hui. L'apparition d'un type nouveau redevient inexplicable, et la fixité nécessaire des formes spécifiques n'aurait pas de meilleur appui que l'hypothèse de la pangénèse. Puisque la sélection naturelle ne peut agir qu'en accumulant des variations individuelles; si ces variations ne peuvent être fatalement que la combinaison de caractères anciens, elles ne peuvent produire que des changements insignifiants, cycliques, en quelque sorte, des phases, des retours, des alternances de formes, à plus ou moins longue période, mais jamais rien d'absolument nouveau. Ch. Darwin doit donc opter entre ces deux théories, dont l'une détruit l'autre. C'est pourquoi, approuvant complétement l'une, comme fondée dans les faits, et d'accord avec toutes les probabilités et toutes les inductions, nous repoussons nécessairement l'autre.

De même que les fausses notions de Lamarck en physique et en minéralogie ont trop souvent fourni des armes aux adversaires, plus passionnés que justes, de l'auteur de la *Philosophie zoologique;* de même aussi, il est à craindre que la pangénèse de Ch. Darwin ne fasse tort à sa belle théorie de transformation des espèces par sélection naturelle. Il ne manquera pas de gens pour conclure que le même cerveau qui a rêvé une explication impossible et contradictoire des faits de l'hérédité ait pu, quelques années avant, élaborer logiquement, sur la base solide de faits nombreux, une doctrine assez vaste pour réunir en un faisceau compacte les résultats acquis de toutes les sciences biologiques, et tracer devant elles de nouvelles voies.

Lamarck a eu le tort de venir, après Lavoisier, construire, sur les données vieillies de Stahl, un système hypothétique du monde (1) ; de même, on reprochera à Ch. Darwin de s'être laissé inspirer, en plein dix-neuvième siècle, après Virchow, Ch. Robin, Claude Bernard, Moleschott, Vogt, Schiff; après Faraday, Wurtz, Meyer, Joule, Secchi et tant d'autres, des théories de Bonnet sur l'emboîtement des germes, combinées avec les hypothèses de Buffon, sur l'existence des molécules organiques produites spontanément par l'être vivant, et circulant dans toutes ses parties.

Ce sont, en effet, les molécules organiques que Buffon faisait partir de tous les organes d'un être vivant pour aller produire, chez ses descendants, les mêmes organes, que Darwin a rééditées. Parfois même, Buffon reste mieux d'accord avec les données acquises par la physiologie moderne. Si de pareilles conceptions étaient excusables au temps de Buffon et de Bonnet, c'est-à-dire quand Stahl et Barthez se disputaient encore la direction de nos écoles; aujourd'hui, que le vitalisme est allé rejoindre l'animisme et que l'épigénèse l'emporte sur l'évolution ; que la chimie a décomposé les éléments matériels de l'organisme et n'a trouvé nulle part ni substance animique, ni force vitale propre, mais qu'elle a constaté, la balance en main, que tout être vivant est exclusivement formé d'un petit nombre de substances élémentaires bien déterminées que, sous l'action des forces physico-chimiques, il emprunte au monde ambiant, qu'enfin rien ne se crée, ni ne se détruit ; que, d'un autre côté, la physique a démontré l'unité des forces manifestées dans la matière et leur quantité invariable ; ressusciter ces rêves abandonnés de nos pères pour en faire la base de théories nouvelles, c'est rétrograder d'un siècle, c'est compromettre inutilement un nom qui, à juste titre, doit désormais faire autorité.

Il y a donc intérêt à séparer nettement, et pour tous, la théorie du transformisme de l'hypothèse de la pangénèse, qui n'a avec la première aucun lien logique, aucun point commun, qui ne s'en déduit point, qui n'en est point un des principes ; de peur que la

(1) *Lamarck, sa Vie, ses Travaux et ses Doctrines*, par Clémence Royer. *Revue positive*, nov.-déc. 1868, janv.-fév. et mars-avril 1869.

mauvaise foi ou l'ignorance, arguant de l'inanité de l'une contre l'autre, n'entravent le mouvement des esprits, et ne retardent les progrès que la doctrine de transformation des êtres vivants, en voie de se compléter de jour en jour, ne peut manquer de faire accomplir, non-seulement à toutes les branches de la biologie, mais aussi à la philosophie elle-même, et aux sciences morales et sociales qui ont tant besoin de s'inspirer de la connaissance des lois de la nature, pour accomplir leur rénovation.

Certes qu'il ne peut nous venir à l'idée de faire reproche à un savant, déjà illustre par la découverte d'une grande loi de la nature, fruit de longs et sérieux travaux, de poursuivre, sans se lasser, la solution d'autres problèmes. Mais, dans la série des problèmes que la nature nous laisse encore à résoudre, il y a un certain ordre logique à observer qui ne peut être interverti, parce que chaque solution dépend d'un certain nombre de solutions préalables, sur lesquelles il est impossible d'anticiper. Cette règle est vraie, soit qu'on emploie la méthode *à posteriori*, la méthode de l'observation et de l'expérience, celle des naturalistes enfin ; soit que l'on ait recours à la méthode *à priori*, à la spéculation rationnelle pure des philosophes. Dans l'un et l'autre cas, l'ordre sériaire seulement est différent ; de sorte qu'un problème encore inabordable pour l'une des deux méthodes, peut quelquefois être approché, atteint, provisoirement du moins, par l'autre ; bien qu'il n'y ait jamais de solution certaine et complète que lorsque, des deux côtés, l'esprit humain est arrivé, par deux chemins différents, à une solution identique.

Pour résoudre expérimentalement le problème de l'hérédité, la série des observations est encore trop incomplète. La loi, tout extérieure, de transmissibilité des caractères nous est encore mal connue. Rien ne nous donne une idée de la série des causes occasionnelles ou efficientes de cette transmissibilité, c'est-à-dire des moyens que la nature emploie pour l'effectuer. Les effets restent à classifier, leurs causes demeurent ignorées. La loi de sélection naturelle seule est venue nous apprendre *pourquoi* les fils ressemblent si généralement aux pères, mais non toujours. Si nos physiologistes n'ont pu encore nous dire *comment* cela se fait ainsi, c'est que nos connaissances physico-chimiques ne nous fournissent aucune notion sur la nature même de la vie, sur les lois qui président à son apparition, à ses évolutions, à sa transmission, à sa destruction. En somme, zoologistes et physiologistes ne peuvent, sur ces questions, que se croiser les bras, en attendant que les chimistes et les physiciens leur livrent le fil qui les guidera dans le labyrinthe moléculaire de l'organisme vivant, pour y voir à l'œuvre le mouvement vital.

Pour le moment, une théorie toute spéculative de l'hérédité est donc seule possible, en attendant mieux; et c'est en effet une théorie spéculative que l'hypothèse de la pangénèse. Seulement elle ne satisfait pas aux données du problème qu'il s'agit de résoudre. En dehors de toute analogie avec les faits, elle ne les synthétise pas, ne les explique pas, ne les éclaircit en aucune façon; car l'esprit conçoit tout aussi difficilement pourquoi et comment une cellule reproduirait une cellule semblable, non pas à côté d'elle, comme on le constate, mais chez un autre individu à dix ou vingt générations de distance, qu'il ne comprend ce simple fait de la ressemblance générale des enfants à leurs parents ou à leurs ancêtres.

La première explication des faits si évidents de l'hérédité qui se soit produite, c'est l'hypothèse plastique. Naïvement enfantine, et basée sur des analogies tout extérieures, elle devait se présenter la première à l'esprit humain. L'enfant reproduisait ses parents, comme la statue son moule : telle est la doctrine qu'on trouve dans les plus anciens documents écrits des peuples orientaux.

Une pareille notion était incompatible avec l'anatomie la plus élémentaire, avec l'observation des formes extérieures ellesmêmes.

Si le poulain, le veau, l'agneau présentent des différences sexuelles presque inappréciables, ils ne ressemblent ni au bélier, ni à la brebis, ni au taureau, ni à la vache, ni au cheval adulte. Comment, d'ailleurs, la femelle pouvait-elle servir de moule au mâle? La matrice, en effet, n'est point un moule, c'est un simple récipient; on ne tarda pas à le constater. C'est alors qu'on supposa la préformation de l'ovule, réduction à l'infiniment petit, soit du père, soit de la mère, destinée à se développer par évolution et accroissement dans la matrice, simple réceptacle. De là est née, dès les premiers essais philosophiques de l'humanité, la doctrine de l'emboîtement des germes, qui a traversé toute l'ère chrétienne, tout le moyen âge, pour venir se formuler, avec toutes ses conséquences, dans l'école semi-théologique, dont Bonnet fut la dernière expression.

Si l'hypothèse plastique a pu naître de l'observation des faits humains et des phénomènes d'hérédité constatés chez les mammifères les plus élevés, elle était en contradiction avec ce qui s'observe dans le reste du règne organique : la plantule ne ressemble en rien à l'arbre ; la chenille n'est point le moule du papillon, qui est enveloppé, mais non moulé dans la chrysalide. Tout cela aurait dû suffire à prouver que la forme de l'être vivant ne peut résulter d'aucunes forces mécaniques s'exerçant de l'extérieur sur une matière inerte, passivement plastique, mais doit être au contraire le produit de forces actives, internes, amenées dans l'organisme par intussusception avec les matériaux nutritifs eux-mêmes.

On arrivait ainsi, assez logiquement, à admettre la préformation de ces matériaux, leur action plastique interne ; c'était le moule retourné, l'emboîtement inverse : quelque chose comme une empreinte galvanoplastique interne, c'est-à-dire les molécules organiques de Buffon ou les germes de cellules de M. Darwin. Rien de tout cela n'est d'accord avec les procédés généraux de la nature, à laquelle trop aisément nous prêtons les nôtres, et qu'à notre exemple, selon les temps, nous faisons tour à tour statuaire, fondeur, architecte, chimiste ou mécanicien. Elle n'est cependant rien de tout cela.

Ses procédés diffèrent essentiellement de ceux de l'homme, en ce que nous faisons les choses ou les forçons à se faire pour nos fins, avec des matériaux sur lesquels nous n'avons nulle action interne, tandis que dans la nature les choses se font elles-mêmes pour des fins qui leur sont propres et en vertu des forces qui leur sont inhérentes.

En somme, une théorie spéculative de l'hérédité est-elle possible? Peut-être, à condition qu'en attendant la confirmation de l'expérience, elle ne soit acceptée que comme hypothèse. Même comme hypothèse, elle ne peut être donnée comme ayant quelque valeur qu'à la condition de s'appuyer au point de départ, d'un côté sur tous les faits physiques connus et de n'en contredire aucun; de l'autre, sur les bases solides d'une philosophie rigoureuse, d'accord avec tous les résultats acquis de la science moderne, et laissant au subjectivisme de l'esprit humain la plus petite part possible. Pour accomplir cette œuvre, essentiellement préparatoire, il faut moins un savant spécialiste, comme M. Ch. Darwin, qu'un esprit ouvert de divers côtés, sur toutes les sciences contemporaines, et doué de cette faculté synthétique qui rassemble et coordonne les observations d'autrui, plutôt que de cette faculté analytique qui observe, expérimente, interroge et classe les faits dans leurs détails. Si enfin un spécialiste un jour nous donne la solution physique et expérimentale des faits de l'hérédité,ce spécialiste ne sera ni un géologue, ni un zoologue, ni un botaniste; ce ne pourra être qu'un physiologiste, à la fois grand chimiste et encore plus grand physicien.

C'est un malheur réel pour la science qu'une conséquence de son développement même soit d'en rendre toutes les parties à la fois inaccessibles au même esprit; de sorte qu'une vie tout entière ne suffit plus à un homme pour en cultiver seulement un des rameaux. Il en résulte que chacun de nos savants est si étroitement cantonné dans son district scientifique particulier, que les progrès accomplis par les autres branches de la science ne viennent que rarement donner à son génie spécial la secousse rénovatrice et féconde que toute idée nouvelle imprime à nos idées antérieurement conçues. Le lien des choses diverses lui échappe avec leurs rapports. Appliqué à l'étude patiente d'un certain ordre de faits, son cerveau fonctionne difficilement pour saisir un ensemble de faits nouveaux ou différents, et il est toujours exposé plus qu'un autre à se faire des phénomènes particuliers qu'il observe une conception subjective, qui serait détruite par l'examen des phénomènes d'un autre ordre qui lui échappent. C'est ainsi que le génie de Darwin, après avoir conçu la grande loi de transformation des formes, émet une hypothèse qui ferait supposer qu'il ignore la loi de transformation des forces.

Ch. Darwin n'était donc pas l'homme qui pouvait résoudre le problème. Dans sa vision hypothétique de l'hérédité, il s'est évidemment laissé dominer, à son insu, par des vues philosophiques d'un autre âge. La pangénèse nous reporte jusqu'à cette métaphysique d'Epicure, qui se représentait les images (*species*) des objets comme provenant de corpuscules matériels qui en émanaient constamment en nombre infini.

Dans sa nouvelle théorie, Ch. Darwin, le destructeur définitif de l'entité spécifique et des idées archétypes ou prototypes de Platon, reste entaché d'un réalisme tout scolastique. De l'existence de la cellule il conclut à celle de germes de cellules, comme dans notre enseignement classique universitaire on conclut de l'existence des faits intellectuels à celle d'un principe intelligent, et de celui-ci à un autre qui en serait la source. Si la relation de cause à effet est une loi qui n'a jamais souffert d'exception, le principe d'identité de l'effet et de sa cause, au contraire, n'a jamais été qu'un sophisme déplorable, qui a égaré toute la philosophie, quand il n'a pas été une simple logomachie. Si l'opium fait dormir, c'est qu'il a une vertu dormitive. Si une cellule est produite, c'est qu'il existe des germes de cellules. Si l'homme pense, c'est qu'il y a en lui un principe pensant. Ces trois propositions sont absolument de même valeur, et les mots *vertu*, *germes*, *principes* sont là pour exprimer des inconnues qu'ils nomment, mais sans les définir ni les expliquer. Dans la plupart des cas, celui qui entend ou dit ces belles choses se contente du son des mots retenus par sa mémoire ; d'autres, d'imagination plus vive, se font des phénomènes une image analogique correspondante, toute subjective ; et seulement les gens réfléchis se disent qu'ils n'ont rien appris de nouveau par ces phrases vides, et qu'après comme avant, ils ignorent comment l'opium fait dormir; comment une cellule produit une cellule, et comment l'homme est matière et pense. Seulement quelques-uns en concluront que nous ne saurons jamais rien de plus sur tout cela; d'autres, parmi lesquels nous comptons, espèrent tout des progès successifs de la science des faits interprétés par le raisonnement.

Nos savants naturalistes ont aujourd'hui horreur de la métaphysique, c'est un tort : C'est un excès, une réaction contre un autre excès en sens contraire. Comme il n'est pas en la puissance de l'esprit humain de ne pas en faire nécessairement, chaque fois qu'il veut se rendre raison d'un fait, s'en expliquer la loi, la connaître, la pénétrer, en un mot, la savoir; leur éloignement de parti pris pour les spéculations philosophiques de l'époque, c'est-à-dire éclairées du jour croissant de la science moderne, fait qu'ils subissent, à leur insu, l'influence d'une philosophie élémentaire et vieillie, qui leur a été inspirée par l'éducation, qu'ils ont respirée avec le milieu, qu'ils ont héritée avec leur conformation cérébrale, et qui, comme telle, est toujours en retard sur le siècle.

Ils croient être affranchis de la métaphysique et restent asservis à ses formes les plus surannées, de sorte qu'ils en sont, sans le savoir, à saint Thomas, quand le monde a déjà dépassé Kant, Fichte, Hegel, Comte, et cherche quelque chose de mieux avec Stuart Mill, Herbert Spencer, Bain et toute l'école anglaise.

C'est ainsi que Ch. Darwin, qui cependant n'ignore pas les travaux de ses illustres compatriotes, mais qui, par une sorte d'hérédité intellectuelle, relève philosophiquement du dix-huitième siècle par la tradition d'Erasme Darwin, dans son hypothèse de la pangénèse, s'est laissé complétement dominer par le concept de la matière ; il a négligé celui de la force. Or, toute théorie qui cherchera à expliquer par une transmission de matière le phénomène de l'hérédité tombera à faux, parce qu'il ne peut s'expliquer que par une transmission de force et de mouvement. A la pangénèse nous opposerons donc la théorie, ou, si l'on veut, l'hypothèse de la dynamogénèse (1).

LA DYNAMOGÉNÈSE.

I. LA MATIÈRE ET LA FORCE EN PHYSIOLOGIE.

L'hérédité des caractères organiques ne peut être due à une transmission de matière. Je dois d'abord établir cette proposition.

Elle résulte d'abord de ce fait général que la matière, considérée, en général, au point de vue abstrait, est indifférente à la forme. Toute forme pouvant être réalisée dans toute matière, il en faut conclure qu'aucune matière ne prend ni ne donne par soi-même une forme, mais qu'elle la reçoit passivement de la force. Qui dit forme, dit limite ; et toute limite résulte d'un contact défini entre deux forces en lutte, une externe et l'autre interne, juste au point où elles se font équilibre.

De ce qu'il y a des formes, c'est-à-dire des masses matérielles limitées, définies, indépendantes, en mouvement les unes par rapport aux autres, il résulte que la matière est discontinue, c'est-à-dire formée de centres multiples, d'unités indépendantes, en un mot d'atomes, dont les activités ou forces propres agis-

(1) Dans la préface de la troisième édition de ma traduction de l'*Origine des espèces* (Masson et Guillaumin, in-8°, Paris, 1870), j'avais déjà publié une critique de la théorie de la pangénèse et annoncé ma théorie dynamique, dont je rédigeai dès lors l'exposition. Les événements publics en ont retardé jusqu'ici la publication. La divergence de mes vues sur ce sujet avec M. Ch. Darwin explique son désir de voir paraître en France une autre traduction de son principal ouvrage par un disciple moins indépendant du *magister dixit*.

sent dans une sphère d'un certain rayon, les unes sur les autres, par une opposition réciproque. On est ainsi conduit tout d'abord à adopter la théorie atomique comme base de toute philosophie naturelle et de toute théorie des phénomènes physiques de l'univers.

Quelques esprits exigeants, sous prétexte qu'ils n'ont jamais vu l'atome, qu'il ne tombe pas directement sous l'expérience et ne peut être atteint que par une induction de logique, se refusent seuls à admettre ce point de départ. Ils ne veulent voir dans la matière que son poids, c'est-à-dire une des manifestations de la force, quantité toujours relative et continue qui échappe à la loi arithmétique du nombre et ne relève que des lois géométriques de la mesure, sans pouvoir en aucune façon se représenter ou faire comprendre comment la substance de l'univers pourrait être continue, sans unités distinctes, et cependant produire le phénomène, si évident, de l'individualité des masses matérielles, anorganiques ou vivantes, et des lois numériques, plus éloquentes encore, qui gouvernent toute la chimie.

Si toute molécule cristalline d'une substance quelconque affecte une forme constante, c'est que cette molécule est elle-même composée d'atomes en relations mutuelles d'action et de réaction qui se modifient, se limitent, se préforment les uns les autres, en vertu des activités réciproques qui leur sont immanentes.

Si, dans la réalité concrète, objective, phénoménale, nous devons considérer la force comme inhérente à la matière et comme son activité nécessaire ; logiquement, théoriquement, et par une nécessité philologique, dépendante du mécanisme de notre entendement, la force et la matière n'en restent pas moins distinctes, l'une comme sujet, l'autre comme attribut essentiel et premier. Ce sont donc deux concepts différents, qui doivent chacun correspondre à un mot déterminé exactement dans la langue scientifique, et dont ni l'un ni l'autre ne peuvent être supprimés sans répandre l'obscurité dans nos déductions et nous entraîner en des sophismes. On supprimerait l'un ou l'autre, comme plusieurs l'ont proposé, que notre esprit, obéissant fatalement à sa loi, trouverait soudain, à l'un ou à l'autre, une autre forme verbale nouvelle.

Dans la réalité objective, comme dans l'ordre logique, l'atome matériel est une individualité, une quantité discontinue, un nombre absolu, bien que toujours inconnu, innombrable à l'expérience ; la force est au contraire une quantité continue, seulement mesurable, et toujours relativement, et que l'algèbre n'exprime en nombres que par analogie et métaphore pour la facilité de nos calculs.

Il est établi aujourd'hui que la quantité totale de la force reste fixe, invariable dans l'univers ; mais qu'elle y est inégalement disséminée, en mouvement de transport et d'échange constant, en transformation perpétuelle ; qu'elle s'accumule, se concentre sur un point, ou, au contraire, semble diminuer, s'effacer, par une sorte de dilution ou de fuite dans l'espace. Elle anime inégalement le nombre total, également fixe, des atomes matériels qui semblent se la transmettre l'un à l'autre en quantité toujours variable pour chacun d'eux, sans que jamais l'un d'entre eux en soit complétement dépouillé ou en possède à lui seul toute la quantité possible. Ici la force est libre, sensible ; et là, elle est latente, cachée, équilibrée, c'est-à-dire détruite par son opposition avec elle-même ; mais elle existe partout.

De même que la force n'est pas la matière, la force n'est pas le mouvement ; car partout où il y a de la force, il n'y a pas de mouvement. La force, c'est le mouvement en puissance. Ainsi deux surfaces pressent l'une contre l'autre ; les atomes de l'une et de l'autre sont animés de forces qui les sollicitent au mouvement ; et cependant chacun d'eux reste en repos relatif : ces forces sont équilibrées, détruites, anéanties par leur opposition. Elles restent virtuelles. La force est donc dans le monde en quantité bien plus grande que le mouvement ; celui-ci augmente ou diminue ; la force restant toujours constante.

Il est vrai que l'atome matériel ainsi considéré, abstraction faite de sa force active, ne s'atteint que par une induction de l'esprit. Il échappe à l'expérience ; la force seule étant phénoménale et du domaine de l'observation. C'est aussi seulement lorsque, par un acte d'abstraction, base de toutes nos théories mécaniques, et qui seul les a rendues possibles, on considère l'atome comme distinct logiquement, sinon comme séparé objectivement de la force qui le rend actif et le phénoménalise, qu'on peut le dire inerte. Toute autre façon d'entendre le principe d'inertie de la matière ne peut que nous entraîner d'erreur en erreur. Mais puisque la matière n'est active que par l'adjonction de la force, son attribut essentiel, que la force seule est phénoménale et seule tombe sous notre expérience, c'est dans la force seulement qu'il faudra chercher la source de toute activité, l'explication de tout phénomène sensible, de tout fait expérimental.

Entre la matière et la force, il y a donc une distinction logique, inéluctable, en vertu des lois de notre esprit ; comme entre tel ou tel corps et ses propriétés, comme entre tel ou tel homme et ses qualités. La matière sans la force se conçoit aussi clairement que Newton sans génie ; bien que sans génie Newton n'eût pas été le Newton que nous connaissons, puisqu'il n'aurait rien fait pour se faire connaître du monde. De même, la matière sans la force ne pourrait être le substratum du monde dont nous faisons partie. Il ressort donc de là que, s'il y a entre la force et la matière une distinction purement logique et verbale, mais nécessaire, il ne saurait y avoir entre elles aucune séparation réelle et objective. La force est l'attribut essentiel de la matière, sans lequel elle ne serait pas ce qu'elle est ; mais cet attribut est essentiellement et perpétuellement modifiable, comme quantité, intensité, manifestations, effets ; et le mouvement, produit de la force, varie lui-même en quantité, en vitesse, en rhythme et en direction, de façon que le nombre des combinaisons possibles du mouvement est infini pour chaque unité atomique.

L'atome matériel, dépouillé de tous les attributs qu'il doit aux manifestations phénoménales de la force, demeure donc pour nous comme un sujet toujours identique, par le seul fait de son indétermination même, pouvant tout devenir et par lui-même n'étant rien que l'éternellement inconnu, le sujet vide dans lequel successivement toute qualité pourra se manifester par une série de causes contingentes, dépendantes de l'équilibre total des forces en activité dans le monde et qui seules le douent de certaines propriétés et qualités déterminables sous un nom particulier ou général. Qu'entend-on par exemple en chimie par *oxygène ?* des atomes matériels doués de forces vives telles qu'en certains cas donnés ils produiront tels ou tels phénomènes, et agiront de telle ou telle façon sur tels autres atomes déterminés mis en présence.

Si donc entre les mots de *matière* et de *force* on voulait en supprimer un, mieux vaudrait supprimer celui de *matière*, et désigner l'atome par l'expression algébrique d'*unité de force*.

En effet l'atome, joint à son attribut essentiel et général, la force, agit, mais il agit de très-diverses façons. Il agit au contact, sur les atomes voisins; mais il agit aussi à distance. Partout où il y a transmission de mouvement, d'activité, de forces, il n'y a pas transmission nécessaire d'atomes matériels. Une certaine quantité de matière peut être mue par les activités d'atomes voisins ou éloignés qui, relativement à cette matière, sont en repos, c'est-à-dire n'ont pas changé de lieu dans l'espace ou y ont continué le mouvement dont ils étaient antérieurement animés.

Ainsi l'activité des atomes solaires meut notre globe, mais le globe solaire resterait en repos relatif par rapport à l'espace, si l'activité des atomes terrestres et des autres astres n'agissait réciproquement sur lui. Un courant électrique parcourt un fil télégraphique; le mouvement a été transmis presque instantanément d'un bord à l'autre de l'Atlantique, et sur tout le trajet pas une molécule n'a été déplacée, pas un atome n'a franchi cet espace : il y a eu transport de force et non de matière. La force, il est vrai, s'est transmise d'atome à atome, de proche en proche, par une suite de vibrations rapides, mais ces vibrations n'ont été qu'oscillatoires: tout au plus un va-et-vient de chaque molécule dans un espace infiniment circonscrit. On peut douter même que le centre de chaque molécule ait été déplacé dans l'espace, par rapport aux molécules voisines; la sphère d'activité de ses forces peut avoir été seulement altérée dans ses contours, altération seulement rétrecie ou élargie aux dépens ou au profit de la sphère d'activité des atomes voisins par une suite de dilatations et de contractions rapides.

Enfin la balle que lance le bras n'emporte rien du bras que le mouvement que celui-ci lui a transmis et qu'elle transmettra à son tour, sans perdre non plus un seul atome. La transmission de la force et du mouvement sans transmission de matière est donc la règle, non l'exception. Quand il y a à la fois transmission de matière et transmission de force, la quantité de l'une n'est nullement en corrélation nécessaire avec la quantité de l'autre; une petite quantité de matière pouvant transmettre une grande force, comme dans la détente d'un gaz ou de la poudre à canon.

La matière, considérée non pas comme inerte, mais comme douée d'activités propres, activités toujours variables en qualité et en intensité, chimiquement pour chaque substance, et physiquement pour chaque particule de chaque substance, peut donc agir à distance, agir où elle n'est pas. Elle peut modifier d'autre matière, sans être en contact avec celle-ci, soit directement ou à travers ce que nous appelons le vide, soit indirectement par l'intermédiaire d'autres atomes matériels. Elle peut produire du mouvement sans se mouvoir elle-même, déplacer des corps sans se déplacer ; leur donner une forme, des propriétés, sans avoir elle-même ni les mêmes formes ni les mêmes propriétés. Aucun principe n'est donc plus faux en physique que l'identité nécessaire de la cause et de l'effet, si longtemps accepté comme axiome en métaphysique.

En physiologie, il est également faux que le semblable produise nécessairement le semblable et ne puisse produire autre chose. Il serait plus vrai de dire que toute forme et toute propriété y dérive d'une propriété différente et d'une autre forme. Le retour des mêmes formes, quand il se produit chez les êtres vivants, est toujours plus ou moins cyclique et non successif. Rien ne ressemble moins à l'adulte que la larve, que l'embryon ; rien de plus différent de l'embryon que l'ovule. La fibre ne ressemble point à la cellule d'où elle provient. Dans un même être la fluctuation des formes est incessante, comme celle des fonctions. Aucun n'est deux fois identique à lui-même dans le cours de sa vie ; aucun n'est identique, ni à ses parents immédiats, ni à ses ancêtres. L'organe générateur n'est en rapport nécessaire ni avec le producteur, ni avec le produit. Le même effet peut résulter des combinaisons de causes les plus diverses. Le ver, cette forme si commune de la larve chez les insectes, provient d'adultes qui diffèrent considérablement entre eux, et dont cependant il reproduira plus ou moins fidèlement les caractères typiques généraux, jusqu'à une identité presque approchée pour nos moyens d'examen.

Il est également vrai qu'en physiologie la transmission des formes, résultat de la transmission des forces, ne suppose aucune transmission de matière, bien qu'elle ne puisse s'accomplir qu'à l'aide d'une certaine quantité de matière, en elle ou par son intermédiaire. L'hérédité du caractère des ancêtres aux descendants n'entraîne donc nullement pour ceux-ci une hérédité de substance, mais seulement une hérédité de forces et d'impulsions.

II. LA MOLÉCULE ET LA CELLULE.

En effet, si chez les êtres asexués, à génération simplement scissipare, ou par bourgeons ou gemmes, la transmission de matière n'a rien d'impossible, si même elle est réelle, c'est-à-dire si l'être produit se forme d'abord aux dépens de la substance même de l'être producteur et de ses forces physiques, cette transmission de substance de l'ancêtre au descendant n'apparaît nullement comme un fait principal et nécessaire.

L'ancêtre agit, en ce cas, comme un milieu ambiant, rien de plus. La matière et les forces que le germe lui emprunte, il pourrait les emprunter à un autre milieu où les autres conditions des phénomènes se présenteraient identiques. Si la vie a commencé à la surface de notre globe, à moins d'admettre, avec quelques-uns, que les germes types voyagent de planète en planète, de système en système, et qu'une comète peut nous avoir apporté les nôtres dans les plis ondoyants de sa queue, il faut bien qu'ils se soient produits un jour spontanément, sans l'intermédiaire d'aucune matrice, d'aucun ovaire, d'aucun accouplement sexuel, au sein même de la matière organisable, mais non préorganisée, et par l'action combinée de ses forces générales.

Dans la génération de la cellule par la cellule, il y a également transmission, emprunt de matière et de force de la cellule produite à la cellule productrice. Celle-ci est alors une vraie matrice, un milieu circonscrit, plein de fluides vivants, de matières coagulables. C'est au sein de ces liquides ambiants et à leurs dépens que se forment, sur les parois de la cellule mère, les cellules filles qui, en croissant et multipliant, la déchirent ou la compriment comme une enveloppe devenue inutile et se substituent à elle dans le tissu organique, accru ou renouvelé par cette végétation toute spontanée. Les matériaux inutilisés de la vieille cellule sont alors absorbés ou éliminés par voie d'expiration, de transpiration, de sécrétion ou d'excrétion, et rejetés au dehors de l'organisme ou emmagasinés en quelqu'une de ses parties sous forme de sucs ou de tissus propres, ayant leur propriété et souvent leur destination spéciale. Jusqu'ici, s'il y a eu emprunt de matière des jeunes cellules vivantes aux cellules mortes, c'est par une sorte de nutrition parfaitement analogue à celle qui s'opère dans un être supérieur par l'absorption de substances étrangères à son espèce, bien que préorganisées et assimilables par son organisme. Mais, il est évident que toute jeune cellule qui se forme chez un être vivant, surtout pendant la période d'accroissement de celui-ci, tire directement la plupart de ses matériaux des aliments que cet être emprunte au milieu dans lequel il vit, et qui circulent dans ces organes et appareils, plutôt que des cellules antérieurement formées, qui ne pourraient fournir, aux cellules qui doivent les remplacer en nombre multiple, une quantité suffisante de molécules assimilables.

Dans tout ce mouvement de création et de destruction, de naissance et de mort, d'assimilation et de désassimilation, on ne voit nulle part intervenir de substance spéciale. Il n'y a dans tout ce travail de cristallisation végétative aucune place pour des germes entités, quelque petits qu'ils soient, qui ne se comporteraient pas selon les lois connues de la matière. L'appareil circulatoire des animaux, quelque compliqué qu'il puisse être, n'a point de vaisseaux pour la circulation des *molécules organiques* de Buffon ou des gemmules cellulaires de Ch. Darwin. Dans les liquides intercellulaires apparaissent bien des granules, mais ces granules ne se développent pas en cellules; ils se dissolvent pour les produire, les nourrir. Si les cellules apparaissent d'abord sous forme de noyaux, elles se forment de toutes pièces dans le liquide ambiant.

Il est vrai que tous les éléments des vieilles cellules déchirées ou résorbées ne sont pas soudain éliminés. Seraient-ce là les germes en question? Cette supposition est impossible. A mesure que l'organisme s'élève et se complique ces débris sont appelés à y jouer divers rôles. Ce sont des matériaux solidifiés qui seront employés à tracer des canaux, à construire des fibres souples, tenaces ou solides et résistantes, des membranes, des cartilages, des enveloppes ou des charpentes. Muscles, tendons, os, glandes, téguments, appendices : tout dérive de la transformation des détritus de cellules mortes en donnant le jour à des cellules vivantes, destinées à mourir bientôt à leur tour. Ce qui vit dans un être organisé, c'est le tissu cellulaire, ou plutôt les fluides qu'il contient, les forces qui le parcourent, l'animent. Tout le reste est un débris de la vie qui appartient déjà à la mort et qui, successivement, plus ou moins promptement ou tardivement, devra être rejeté, éliminé.

Il est curieux de remarquer que les quatre substances élémentaires essentiellement propres à la vie, ou organisables, c'est-à-dire l'oxygène, l'hydrogène, le carbone et l'azote, ne se trouvent dans la nature à l'état de pureté que sous la forme de gaz. Même la chimie n'a pu encore les obtenir chacun séparément à l'état liquide. Au contraire, leurs mélanges montrent une tendance à prendre facilement cet état. Ces composés sont alors éminemment organiques, sinon encore organisés, c'est-à-dire qu'ils précèdent toute vie ou toute mort : la mort d'un être vivant ou de ses parties n'étant en réalité que le passage de ses éléments de l'état liquide, soit à l'état solide ou cristallin, soit à l'état gazeux. Mais si, à l'état liquide, les combinaisons de ces gaz sont déjà organisables, pour la plupart, elles ne deviennent organisées et vivantes qu'en passant à un état particulier, mixte, de demi-fluidité, c'est-à-dire en devenant coagulables. Le moment précis de la coagulation, à moitié chemin entre la liquidité absolue et l'état solide, est donc essentiellement le moment propice à la manifestation de la vie, sa condition nécessaire ; et peut-être que chez tout être organisé il n'y a de vivant que les substances arrivées juste à cet état, éminemment transitoire, fugitif, presque instantané. Tout le reste est déjà mort : c'est-à-dire que toute matière solide ou cristalline contenue dans un corps vivant, est simplement : ou squelette, contenant, réceptacle, moule, laboratoire interne de la vie, alambic organisateur pour la produire et la conserver, charpente de l'édifice organique enfin, constamment entretenue et réparée par lui à l'aide de nouveaux débris déjà usés de la combustion vitale, matière première organisable ; ou matériaux rejetés par elle au dehors, comme ayant déjà rempli leur rôle dans l'économie vitale et devenus impropres à l'entretenir en se coagulant de nouveau.

De toute façon, la vie nous apparaît comme un phénomène essentiellement dynamique, comme une force en mouvement. Il faut donc conserver ce terme de *force vitale*, non comme exprimant une entité particulière, une substance propre, indépendante de la matière, mais comme une manifestation supérieure, une combinaison plus complexe, une transformation extrême, un mode plus élevé des forces physico-chimiques, ou plutôt de cette force unique, élémentaire qui anime le monde et qui repose, immanente et virtuelle, en chaque atome matériel. Le terme de *force vitale* a sa raison d'être dans la langue physiologique, comme en physique la *force* de gravitation ; mais, de même qu'on dit la *gravitation* sans y joindre le mot *force*, de même que l'on dit la *chaleur*, l'*électricité*, le *son* et non la force calorifique, la force électrique, la force acoustique, il y aurait peut-être avantage à employer le terme de *vitalité* ou plus simplement celui de *vie*, qui en somme est équivalent et qui n'aurait pas le danger de rappeler le concept faux, attaché désormais à ce terme de *force vitale* par suite de l'abus qui en a été fait.

Ces trois mots, du reste, de *force vitale*, de *vitalité*, de *vie*, peuvent être employés indifféremment, alternativement, pourvu qu'il soit bien entendu que, sous ces trois termes, nous entendons une même chose ; c'est-à-dire une succession de faits physiologiques : de phénomènes d'ordre expérimental, d'effets dont les causes secondes tombent sous notre observation, mais dont la cause première nous échappe encore, comme la cause première de tous les autres effets observables, sans vouloir par là fermer à personne le chemin des hypothèses sur la nature ou l'essence réelle et objective de cette cause, et sans renoncer à y entrer parfois nous-mêmes.

Quelle est la différence essentielle de la matière vivante ou organisée et de la matière morte ou seulement organisable ? Toutes les observations des naturalistes modernes, comme toutes leurs inductions spéculatives, tendent à établir que dans la molécule matérielle anorganique ou seulement organisable, les atomes constituants sont animés de mouvements seulement vibratoires, oscillatoires, tout au plus rotatoires ; et qu'au contraire dans la matière vivante, ces mouvements atomiques sont compliqués de véritables mouvements giratoires. On comprend donc quelle diversité peuvent présenter ces mouvements, quant à l'intensité, à la vitesse, au rhythme, à la direction, dans la molécule organique, composée parfois de dix mille atomes constituants. Ainsi seulement pourraient s'expliquer les propriétés physiologiques ou physiques si différentes de matériaux organiques, composés des mêmes éléments chimiques en proportions identiques.

La cellule elle-même, diversement composée de ces éléments déjà si complexes, apparaît donc comme le rouage fondamental et le réceptacle de toute vie organique, comme la turbine motrice élémentaire où s'emmagasine le mouvement vital, pour se distribuer ensuite de là dans tous les tissus, dans tous les organes constitués par elle.

L'organisme vivant n'est ainsi qu'une puissante et délicate machine en mouvement, s'entretenant, se réparant, se reproduisant elle-même et dont tous les rouages, plus ou moins solidaires, sont réciproquement ou successivement la condition les uns des autres. Que l'on considère soit le moment de leur formation, de leur apparition, de leur développement, toujours limité dans l'espace ; soit leur état de stabilité, de conservation, d'équilibre, de permanence, toujours limité dans le temps ; soit enfin l'instant de leur résorption, destruction et disparition finale, on constate toujours entre eux cette étroite solidarité. Chaque organe ou partie d'organe n'a donc point besoin de provenir d'un ou de plusieurs germes qui lui soient particuliers, et provenant eux-mêmes des organes similaires qui ont existé chez les ancêtres; car tous ces organes naissent l'un de l'autre ; ces parties se forment, s'appellent, se causent réciproquement. Tout état de l'un d'entre eux dérive d'un état antérieur, comme celui qui suivra en sortira par dérivation nécessaire, si toutes ces conditions arrivent à se réaliser dans l'ordre voulu. Si ses conditions sont imparfaitement remplies, il y aura une altération plus ou moins profonde dans la série normale des phases évolutives, c'est-à-dire souffrance, maladie, état morbide, évolution pathologique, locale ou totale; et, si le désordre est trop grand, si les phénomènes successifs ou simultanés cessent d'être en coordination suffisante, il y aura mort et désorganisation. Ch. Darwin voudrait-il aussi faire sortir de germes la désorganisation et la mort ?

Car la mort elle-même, à ce point de vue tout expérimental, n'apparaît plus que comme le dernier phénomène de la vie; phénomène successif et non instantané, tout comme celui de la naissance, mais, en général, plus rapide dans la succession de ses phases. Il n'y a point un moment défini où l'être organisé commence de vivre tout entier, il n'y en a point où il cesse. Toute composition ou décomposition organique est graduelle. L'être vivant est une fédération où l'action centrale commence ou cesse la première ; mais elle ne commence ou cesse que comme le premier terme d'une série de faits successifs, placés sous sa dépendance, mais qui ne relèvent pas d'elle seule. Car cette action centrale ne suffit pas, si les activités subordonnées et périphériques ne viennent joindre leurs effets aux siens. Le cerveau commencé, aide le corps à se former. Mais, si le corps ne se forme pas, le cerveau s'arrête dans son développement. Le développement organique est une progression croissante, dont le premier terme se perd dans l'indétermination de l'infiniment petit et n'atteint jamais l'infiniment grand. La désorganisation est une progression décroissante ; la mort frappe un organe vital en arrêtant sa fonction nécessaire, et les autres suivent, les plus importants d'abord, puis de degrés en degrés, jusqu'aux molécules de la substance organique qui retournent se perdre dans le monde inorganique.

En un mot, une première impulsion vitale étant donnée à un noyau de matière organisable, cette impulsion s'accélère elle-même, par la nutrition en suivant un ordre, une direction à peu près fixe pour chaque série d'êtres. L'organisme se développe, croît, grandit, se diversifie en organes, fonctions, aptitudes. Puis vient le moment où une cause interne ou externe ralentit, arrête ce mouvement, par une impulsion inverse, en change le sens total; et les aptitudes cessent de se manifester; les fonctions cessent d'être remplies; les organes s'immobilisent; chaque rouage s'arrêtant, quand celui dont il dépend cesse de fonctionner. Mais bientôt le mouvement recommence en sens contraire; ces roues qui se couvraient de l'écheveau de la vie, maintenant en déroulent le fil qui, s'emmêlant dans la machine, est cassé par elle et la casse à son tour. A chaque moment successif, c'est un appareil qui se détraque, se brise en éclats, en fragments, amollis, triturés par le mouvement désordonné des autres, les plus grands d'abord, puis les petits. Leurs éléments se détruisent l'un après l'autre et l'un par l'autre. Pour l'observateur vulgaire, le moment de la mort est celui où cessent, avec la sensation et le mouvement volontaire, les signes extérieurs du mouvement organique circulatoire : la respiration; le battement du cœur et des artères. En réalité, la mort a commencé depuis longtemps; elle a commencé avec la maladie, et non avec ses phénomènes diagnostics, mais avec sa cause, avec le premier trouble apporté à une fonction vitale, et chaque fois que nous sommes malades nous commençons de mourir. Lorsque nous guérissons, c'est que la cause de la maladie est détruite par une autre cause; que l'impulsion vitale l'emporte sur l'impulsion inverse qui a menacé de l'arrêter.

Longtemps après la mort apparente, l'impulsion désorganisatrice continue son œuvre, et dans chaque organe, partie d'organe ou molécule, elle livre un combat à l'impulsion organisatrice, qui, n'étant plus sans cesse soutenue, réviviflée, est partout successivement vaincue. Lors donc que le mouvement total, extérieur de l'être vivant, qui dépend de l'action centralisatrice, s'arrête plus ou moins soudainement, la vie n'a pas totalement disparu pour cela. Les muscles se contractent encore; les cheveux, la barbe, les ongles continuent de pousser, parfois pendant plusieurs jours. Ce n'est que peu à peu que la vie abandonne chaque partie envahie, non par l'inertie, l'immobilitité, mais par le mouvement de désorganisation des provinces de cette fédération organique qui constitue l'être vivant, et qui se continue dans l'acte de la décomposition, jusqu'à ce que chaque élément organisé soit retourné à son état simplement organique de liquide, de gaz, ou de corps solide oxydé.

Qu'auraient à faire les germes de M. Ch. Darwin, c'est-à-dire des commencements absolus, dans cette succession de faits se déterminant les uns les autres, non pas seulement depuis la naissance, la conception, l'ovulation jusqu'à la mort et la désorganisation ; mais durant toute la succession généalogique des individus d'une famille, d'une race, d'une espèce? Quel rôle pourraient-ils y jouer? De quel besoin est leur intervention? S'ils existaient, ne seraient-ils pas produits eux-mêmes par l'organisme, comme un phénomène transitoire, effet pour ceux qui précèdent et cause pour ceux qui suivent? Comment admettre qu'ils conserveraient leur indépendance, leur individualité vis-à-vis de tous les rouages de cette machine, à travers laquelle ils devraient circuler sans lui rien emprunter, en vertu d'une force qui leur serait propre et qui ne nous présente nulle part son analogue? Comment se transmettraient-ils de génération en génération, sans que chaque génération les marque de son empreinte? et si chaque organe ne pouvait provenir que des germes émanant d'un organe en tout semblable, dans quel organe s'abriteraient les germes de l'ancêtre éloigné, destiné à reproduire sa ressemblance à douze ou vingt générations plus tard, durant toute la série des générations intermédiaires construites selon un type différent? Combien n'est-il pas plus simple que chaque individu soit un résultat contingent des impulsions qu'il reçoit de ses parents immédiats, impulsions toujours infiniment modifiables et variables sous l'action des causes secondes et des forces toujours diverses qui agissent constamment sur le producteur de son produit? La chimie organique, la physiologie, la simple physique ne peuvent donc accepter une hypothèse qui ne se relie à aucun fait connu et les contrarie tous.

III. LA GÉNÉRATION ET L'HÉRÉDITÉ.

La vie est un mouvement, rien qu'un mouvement, bien qu'un mouvement très-complexe. Expression supérieure de la force vive qui meut l'univers, cette force éternelle qui se transforme sans s'appauvrir, sans diminuer, sans augmenter, est versée, transfusée dans l'être vivant sous quelqu'une de ses formes transitoires de chaleur, d'électricité, d'affinité moléculaire; en somme, toujours sous forme de puissance dynamique transmise et communiquée. L'être, vivifié par elle, se l'approprie en la transformant sans cesse, soit en mouvement physique externe ou force musculaire, soit en mouvement interne, vital, nerveux, physiologique, soit en mouvement cérébral et intellectuel.

Or, nous savons aujourd'hui, sans nul doute possible, comment, sous l'action du calorique solaire, direct et libre, ou diffus et latent, répandu sur tout le globe, de même que sous l'action d'autres sources de chaleur, telle que l'électricité, qui n'emprunte rien à la chaleur solaire, l'être vivant absorbe quotidiennement, sous forme d'inspiration ou de digestion, un poids voulu de substances organiques, dont les réactions chimiques dans ces organes opèrent l'acte de la nutrition. En somme, c'est toujours de la force qu'il absorbe, avec les substances auxquelles elle est immanente. C'est de la force moléculaire que chaque molécule organique absorbée introduit en lui. C'est une certaine quantité de mouvement que chaque rayon solaire lui apporte. Et ce mouvement, l'organisation le transforme en vie, c'est-à-dire en mouvement spontané, partiel, local dans chaque organe et partie d'organe, et en mouvement cérébral centralisé, approprié à des fins utiles à lui-même et à sa conservation.

De plus, à certains moments donnés de l'évolution vitale, il y a un excès de mouvement et de substance, un trop-plein de vie qui tend à être éliminé sous forme de germes déjà préorganisés, propres à produire d'autres êtres vivants plus ou moins divers, *jamais semblables* : la transmission absolue de la ressemblance et des caractères du père aux enfants étant un fait encore inobservé et inobservable, étant impossible *à priori*. Car, de même que dans un arbre, il n'y a pas deux feuilles semblables; que les grèves de nos mers n'offrent pas deux grains de sable identiques, soit par leur aspect externe, soit par leur construction moléculaire totale; deux êtres vivants identiques ne sauraient se rencontrer, n'ont probablement jamais existé sous le soleil. L'hérédité totale des caractères dans une longue succession généalogique serait un fait sans analogie, monstrueux par son improbabilité. Ce serait un miracle du hasard qui aurait fait converger tant de forces, tant de lois, tant de causes secondes et d'effets contingents, qui sont tous conditions d'existence et d'apparition pour un être vivant quelconque, vers une résultante complétement identique. L'hérédité spécifique se borne donc à produire des êtres analogues, se ressemblant plus ou moins, et seulement, plus en général, qu'ils ne ressemblent aux êtres sortis d'autres souches. On conçoit, en effet, que la ressemblance entre des êtres de souches différentes serait plus étonnante, plus merveilleuse encore, puisque les mêmes effets devraient faire sortir d'une longue série de causes secondes et d'effets contingents dissemblables. L'hérédité des caractères, même dans les limites où elle s'observe, loin donc d'être un fait général, naturel, nécessaire, est donc une exception remarquable, qui a besoin d'être expliquée par des causes ou influences toutes particulières, agissant, très-spécialement et en sens étroitement déterminé, sur l'acte de la génération et sur la série d'individus chez lesquels elle se produit. Par là, il est déjà aisé de prévoir que chez chaque individu, chaque race, surtout chaque espèce, les effets résultant de ces causes ou influences seront différents.

Qu'une molécule d'eau cristallise sous la même forme qu'une autre molécule d'eau : rien d'étonnant. Les substances qui les composent sont identiques par toutes leurs propriétés ; elles sont soumises aux mêmes influences dans un même milieu. La loi de leur formation est très-simple ; la résultante des forces qui les sollicitent est formée d'un nombre relativement très-petit de composantes, toutes iedntiques. Or, les mêmes causes devant avoir les mêmes effets, les deux molécules, sollicitées par ces forces semblables, devront être semblables. Le seront-elles en tout? Elles se ressembleront, en effet, par leur système de cristallisation, rien de plus : c'est-à-dire que, quels que soient leur volume, la quantité, le poids des atomes qui les composent, ces atomes étant eux-mêmes en tout semblables ou symétriquement groupés d'après leurs différences élémentaires, elles offriront, dans leurs contours, les mêmes angles, les mêmes plans et une structure interne identique. Mais là s'arrêtera la ressemblance ; car, selon le volume du cristal, la quantité d'atomes qu'il contient, les influences locales auxquels il aura été soumis : telles que l'agitation ou le repos relatif du liquide, sa température, sa densité, les corps étrangers qu'il tient en suspension, même les molécules d'air qui y circulent, une résultante très-compliquée de forces ayant agi sur lui, sa forme totale sera différente. Les cristaux élémentaires se seront disposés en aiguilles, en étoiles, en arborisations capricieuses, en sphères rugueuses irrégulières, en prismes opaques flottant entre deux masses d'eau, en longues franges ou en cercles autour de son contenant. Il faudra le microscope, aidé des calculs de l'esprit, pour trouver, dans cette diversité du groupement total, l'identité formelle de leurs particules élémentaires. Une seule chose donc est fixe dans toute cette succession de faits : la forme élémentaire, insaisissable à l'expérience, mais induite par le calcul, de la molécule d'eau elle-même; formée d'un certain nombre d'atomes d'hydrogène et d'oxygène, les uns en nombre double des autres, et disposés suivant une loi, une formule qui nous échappe encore.

Pour le reste, le hasard des forces agissant dans le milieu liquide ambiant a décidé, selon la loi fatale et toujours immensément compliquée des résultantes.

Ce qui se passe dans chaque cellule d'un être organisé est-il plus merveilleux, plus inexplicable ? Ne devons-nous pas, avant de chercher des lois nouvelles, essayer d'expliquer les faits suivant les mêmes lois déjà connues.

Ici, les éléments premiers sont plus nombreux et plus variés ; trois, quatre substances ou un plus grand nombre sont combinées ; la forme et le groupement des molécules élémentaires seront donc beaucoup plus compliqués. Au lieu d'un simple rapport de 1 à 2, nous aurons des rapports de 10 à 100, à 1 000 ou 10000, ou des formules irréductibles de 7 à 87, à 904, etc.

Des milliers d'atomes sont donc engagés dans une seule des molécules de la substance ternaire ou quaternaire, organisable et coagulable des vacuoles cellulaires. Et, sur chacun de ces atomes, chacune de ces molécules, agissent les forces physiques externes, émanées du milieu matériel ambiant, qui se combinent nécessairement avec leurs forces chimiques immanentes. Cependant, chose merveilleuse ! une même résultante, ou du moins une résultante fort analogue, se produit, puisque des effets, sinon semblables, du moins très-semblables, se constatent en chaque cas particulier. En chaque cellule, partie d'organe, organe ou appareil, chez tous les individus d'une même série généalogique, les mêmes phénomènes se produisent dans le même ordre, chacun sous les mêmes conditions et dans les mêmes milieux. Chaque cellule d'un tissu produit, soit d'autres cellules semblables, et il y a un accroissement total de l'organe ; soit d'autres cellules différentes, et un autre organe apparaît, un tissu différent se forme : le tout marquant une même phase évolutive chez les descendants et chez les ancêtres. Que ce soit étonnant, que nous soyons confondus de cette précision dans les retours des changements cycliques de la machine vivante, soit ! mais qu'expliquerions-nous en disant : Ce sont des germes de cellules qui ont produit ces cellules, qui en produiront d'autres à leur tour ? Est-il besoin de loger des germes dans une horloge pour que les deux aiguilles se meuvent avec des vitesses différentes, et pour que le timbre sonne les heures? Y a-t-il des germes dans la machine à vapeur qui meut les rouages d'une filature et qui, dans le sous-sol, transforme l'eau en vapeur pour créer le mouvement, au rez-de-chaussée broie le lin ou le coton, au premier étage le file, et, dans les combles, le transforme en toile ou en dentelle? La filature, dira-t-on, ne marche pas seule, sans machinistes et sans mains ; mais que sont ces ouvriers, ces machinistes, sinon un de ces rouages nécessaires dont l'organisation intime est moins connue? Et qui sait si un jour, arrivant à connaître mieux la construction de la machine humaine, nous ne pourrons pas, sur ce modèle, construire des machines fonctionnant seules? En tous cas, ce qui différencie la machine humaine de nos machines industrielles, ce n'est ni leur forme ni la périodicité cyclique de leurs mouvements, puisque tout cela nous l'obtenons dans nos automates ; c'est la production spontanée du mouvement et sa corrélation intelligente avec son but ; et c'est cela que nul germe de cellule n'explique.

Si, chez chaque individu d'une espèce vivante, il faut bien admettre dans l'intérieur de la machine organique l'existence de forces dynamiques, agissant suivant une loi constante, de manière à faire apparaître chaque phénomène vital à un moment donné et dans son lieu ; de sorte que, comme le dit Ch. Robin, chaque organe soit résultat de celui qui le précède et condition de ceux qui le suivent, de manière à rester toujours coordonnés entre eux et à se servir l'un l'autre de cause et d'effet ; sera-t-il beaucoup plus merveilleux qu'en un de ces organes s'élaborent des commencements d'autres organismes, semblables ou différents, des germes, des ovules, de la matière fécondante, destinés à produire des individus complets, sexués ou asexués, ou des individus intermédiaires transitoires, des larves, des nourrices, des nymphes comme dans le cas des métamorphoses ou des générations alternantes? Qu'y a-t-il dans cette succession, sinon la succession continue d'organes naissant d'autres organes, et formant entre eux des groupements plus ou moins distincts, définis, séparables et centralisés?

IV. VÉGÉTATION ET GÉNÉRATION.

En somme, la formation d'un ovule n'a rien de plus merveilleux que celle d'une glande, d'un os, d'un poil, d'un ganglion nerveux. Au contraire, rien de plus simple que sa structure élémentaire; rien de plus flottant que sa forme, son volume. Il semble que la force organisatrice et formatrice, arrivée là, comme à son dernier terme, s'affaisse épuisée, s'arrête à une ébauche, d'où une nouvelle impulsion dynamique seulement pourra faire sortir, avec des formes plus complètes, plus parfaites, une nouvelle émission de vie. Dans l'ovule la matière emmagasinée est à peine organisée; elle est seulement organisable, et beaucoup, un nombre infini de ces commencements ne s'achèveront pas. Ils seront résorbés, excrétés, détruits, sans avoir vécu. Ils se désorganiseront sans avoir jamais été véritablement organisés, ou du moins après avoir traversé seulement ce moment presque instantané où la matière est réellement vivante. Qu'on ne compare donc pas le degré d'organisation de l'ovule au degré d'organisation d'un poumon, d'un cœur, d'un muscle, d'un cerveau, cette merveille des merveilles de l'empire de la vie. L'ovule peut devenir, mais il n'est pas, il n'est pas plus vivant que n'importe quel fragment de tissu cellulaire emprunté en quelque autre organe secondaire de l'animal et de la plante.

Mais cet ovule peut devenir; il sera, dès qu'une quantité nouvelle de force organisatrice lui sera communiquée, dès qu'une impulsion vitale lui aura versé telle quantité de mouvement qui lui manque. De profondes différences doivent donc exister dans l'état de vie des ovules, selon qu'on les considère avant ou après la fécondation, et chez les êtres sexués ou asexués.

Pendant longtemps on a cru et professé qu'il y avait des êtres vraiment agames, chez lesquels non-seulement les sexes, mais les organes sexuels n'existaient pas distincts; et rien ne semblait plus naturel. Puis, la découverte de véritables organes sexuels ou même de sexes évidents chez un grand nombre d'êtres qu'on avait crus jusqu'alors asexués, agames, faisant bondir nos savants vers une autre théorie, également extrême et absolue, *à priori*, ou du moins par une induction hâtive, tirée d'observations toujours incomplètes, on supposa des sexes partout. On les vit partout, à force de vouloir les découvrir; et les combinaisons les plus diverses de la force procréatrice, des phénomènes de végétation pure, devinrent des phénomènes de *génération*, des actes sexuels, mâle ou femelle, bien qu'ils n'eussent absolument rien d'analogue à ceux que l'on constate chez les êtres d'organisation supérieure. On nia qu'il pût y avoir génération sans fécondation, sans concours de deux forces, et sur ces deux forces antagonistes on bâtit de brillants systèmes. Partout il fallut bientôt trouver deux fluides, deux pôles. Les astres eux-mêmes, pour d'aucuns, devinrent mâles ou femelles.

Nous en sommes un peu revenus. La parthénogénèse, pourtant depuis si longtemps connue chez les pucerons, nous a montré des femelles bien accentuées, pouvant être fécondes pendant une longue suite de générations, sans l'action du mâle; et l'identité reconnue du bourgeon et de l'ovule est venue nous fournir une preuve décisive de plus que le cycle vital peut s'ouvrir et se recommencer sans fécondation.

Le bourgeonnement, comme la scissiparité, est une sorte de parthénogénèse normale. L'être organisé végète, s'accroît en vertu de sa force vive, et transmet une portion de cette force à certaines parties où elle se centralise pour devenir le point de départ d'un nouvel individu distinct. C'est en somme le mode de génération le plus général. Il est primitif, naturel. Il est la règle; tout autre est l'exception. Que sur une plante un bourgeon avorte, il produira une fleur, et dans cette fleur, sous forme d'ovules, d'autres bourgeons, chez lesquels la force vive sera insuffisante pour achever leur évolution. Que dans de nombreuses souches primitives cet avortement, d'abord simplement monstrueux, soit devenu fréquent; que les bourgeons avortés se soient peu à peu modifiés de façon à produire deux organes ou parties d'organes dont l'action mutuelle pouvait produire, suivant un mode différent, cette quantité de force vive qui leur manquait pour continuer leur évolution, et la végétation continue par bourgeonnements aura, pour la première fois, fait place à cette grande exception depuis devenue règle : la fécondation. La parthénogénèse primordiale, véritable hermaphrodisme caché, aura fait place à la sexualité, à l'hermaphrodisme visible, et plus tard au dioïsme et au dimorphisme sexuel. Cet accident pouvait ne pas se produire.

Dans la parthénogénèse anormale que nous observons encore chez quelques êtres, il y a comme une sorte de cet état primitif. Chez certaines races la quantité de mouvement vital qui manque à l'ovule pour se développer sans fécondation, peut être extrêmement petite. La moindre adjonction de force peut arriver à le rendre fécond, c'est-à-dire à décider son évolution. Une femelle féconde par elle-même ne diffère peut-être d'une femelle stérile que par la plus ou moins grande quantité de mouvement organique que chacun de ses ovules renferme à l'état latent. Enfin, l'impulsion vitale fournie par le mâle ou l'organe mâle à l'organe femelle, peut être suffisante à décider l'évolution d'un seul ovule ou de plusieurs, et même à leur donner une énergie suffisante pour que les êtres qui en proviendront puissent se reproduire sans fécondation nouvelle : c'est-à-dire pour que leurs ovules soient assez riches de force pour se développer par eux-mêmes. C'est ce que nous observons comme règle et état normal chez les pucerons où d'un seul acte de fécondation entre deux individus sexués sortent neuf et jusqu'à onze générations de pucerons femelles, se reproduisant sans accouplement et en nombre immense. La fin de la saison chaude, le refroidissement atmosphérique, l'épuisement de la séve végétative qui en résulte est peut-être ce qui borne cette fécondité, qui, sans l'alternance de l'été et de l'hiver, serait peut-être inépuisable. On conçoit, en effet, que les derniers pucerons femelles d'automne, recevant moins de chaleur de l'atmosphère, et ne trouvant plus sur les végétaux épuisés qu'une nourriture avare, ne peuvent plus transmettre à leurs ovules la quantité de vie nécessaire à leur développement. Dès que sur le globe refroidi il y eut des hivers et des étés, il fallut que la fécondation intervînt pour sauver et perpétuer les races. Peut-être alors seulement deux individus furent appelés à fournir au jeune germe la force vive, qu'un seul jusque-là avait suffi à lui communiquer.

Qu'ensuite par sélection naturelle cette faculté de reproduction asexuelle ou hermaphrodite ait disparu, chez la plupart des races ; que les espèces chez lesquelles chaque germe était animé dynamiquement par une double impulsion, l'aient emporté sur toutes, ou presque toutes les autres, rien n'est plus naturel, plus probable ; mais cette faculté de génération unilatérale, perdue chez la plupart, et chez presque tous, comme loi générale, peut s'être conservée chez quelques-uns à l'état de tendance latente et se manifester au besoin sous certaines conditions favorables : c'est la parthénogénèse anormale des papillons et des abeilles. Des femelles de papillons tenues soigneusement gardées de l'approche des mâles se sont trouvées fécondes et ont produit des mâles. De même des abeilles reines, tenues enfermées dans leurs ruches, ont pondu des œufs tous mâles. Si l'on considère le nombre énorme d'œufs que pond une abeille fécondée à terme, peut-on s'étonner qu'un retard dans le moment de la fécondation soit cause d'une accumulation si énorme de force vive dans ses ovaires, arrêtés dans leurs fonctions, que les ovules s'en détachent sous l'impulsion de cette force exubérante et se trouvent eux-mêmes doués d'une quantité de mouvement telle, qu'ils pourront suffire à leur complète évolution? Si dans ce cas il ne se produit que des mâles, ce peut être par l'effet d'une habitude organique héréditaire, autrefois normale dans la race, où elle se serait établie par sélection. La faculté chez les femelles de produire des mâles, capables de les féconder elles-mêmes plus tard pour produire avec eux des femelles ou de féconder les femelles que peut-être autrefois les abeilles vierges ont également pu produire en certains cas, a dû évidemment être utile à la conservation de la souche et du type. Si, dans cette souche, la sexualité s'est développée, ce ne peut être que sous l'action de la sélection naturelle, au moment où la simple génération végétative, unilatérale, ne suffisait plus et menaçait d'arriver à la stérilité par l'impuissance de développement spontané des ovules.

Jusqu'où ces faits s'étendent-ils? Jusqu'à quel degré organique sont-ils observés et observables? On a peut-être traité trop légèrement, sous l'influence d'idées préconçues, certaines assertions de Buffon, certains faits cités par lui et par d'autres auteurs, concernant certains cas de fécondité parthénogénésique imparfaite, observés chez la femme. Des fœtus monstrueux, des môles, des agglomérations informes de peau, de chair, de poils, auraient été trouvés dans les organes génitaux de nonnes cloîtrées, de très-jeunes filles parfois, et non pas toujours dans la matrice, comme dans la gestation normale, mais parfois dans les trompes ou dans le vagin; comme si l'ovule affolé, sous l'influence d'une impulsion évolutrice incomplète, insuffisante, n'avait su trouver son vrai chemin et sa vraie place. De quelle valeur sont ces faits? c'est ce que nous n'oserions pas dire. Sont-ils authentiques? nous ne l'affirmerions pas. Mais si nous pensons pouvoir, avec toute certitude, rejeter parmi les mythes toutes les vierges mères des traditions orientales, qu'elles se soient formées en Chine, dans l'Inde ou en Judée, il ne nous semble pas aussi évident que chez des femmes de tempérament puissant, vouées au célibat, et chez lesquelles, conséquemment, il doit y avoir, comme chez l'abeille reine tenue recluse, accumulation des forces prolifiques, il ne puisse se manifester un commencement anormal de fécondité monstrueuse, dont le premier degré, qui est l'expulsion des ovules avec le sang menstruel, se constate très-fréquemment, chez la plupart, sinon chez toutes les femmes.

Parmi les oiseaux, ce premier terme de la fécondité est devenu normal chez les races que nous tenons en domesticité. Une poule sans coq pond régulièrement, bien qu'un peu moins abondamment. Même les serines sans mâle produisent des œufs. Il n'en est pas de même, ou du moins au même degré, chez les oiseaux vivant à l'état sauvage, et faits captifs individuellement, chez lesquels, conséquemment, un changement de vie et la reclusion ont pu diminuer l'afflux de la force prolifique.

V. LES DIVERS MODES DE GÉNÉRATION.

En somme, la sexualité est dans la nature un accident, une particularité contingente, qui existe sur notre planète, mais peut fort bien ne pas exister autre part; qui même a commencé tardivement de s'y produire, puisque tous les mammifères, même et surtout les plus élevés, y compris l'homme, gardent aujourd'hui encore des traces évidentes d'une organisation probablement autrefois hermaphrodite. Du degré le plus parfait de la sexualité dioïque au degré le plus simple de la reproduction végétative par bourgeonnement, germination, simple fractionnement, nous observons les modes de reproduction les plus divers, les plus étranges, les plus inattendus, les plus compliqués ou les plus simples. Aucun de ces modes ne paraît essentiel que relativement à l'organisation des êtres chez lesquels il se constate; mille autres combinaisons auraient été possibles qui ne se sont pas réalisées. Au milieu de ces conditions particulières et si diverses d'évolutions, une seule condition générale demeure : c'est une impulsion organisatrice première des ancêtres aux descendants ; c'est l'hérédité, c'est-à-dire la transmission des pères aux fils d'une certaine quantité de mouvement, cédée par la mère à l'enfant; par le producteur au produit, et agissant suivant une direction spéciale, relativement fixe dans chaque race, propre à assurer, dans certaines limites, par l'invariabilité absolue des formes internes et externes, la corrélation organique nécessaire au maintien de l'équilibre vital.

Chez les végétaux ou animaux les plus inférieurs, nous voyons la scissiparité. Le polype, l'animalcule infusoire se divisent en parties dont chacune reproduit un infusoire, un polype, lequel en reproduira d'autres. Certaines de ces espèces sécrètent des germes, des œufs, dit-on, et en nombre infini, à en obscurcir le soleil, si l'on en croyait quelques-uns. Mais en quoi ces œufs, ces germes diffèrent-ils de ces parties fécondes qui proviennent de la division des premiers? Ne sont-ce pas, également, de petites masses gélatineuses qui n'ont pas même la forme de tissus : des agglomérations de matière coagulable à l'état vivant? Les uns s'enkystent, c'est-à-dire s'enveloppent des détritus de leur propre vie ou des molécules solides qu'ils rencontrent dans le milieu ambiant; puis, brisant ce linceul dans lequel ils dorment, ou plutôt élaborent, concentrent, immobiles, une certaine quantité de mouvement à l'état latent, ils en sortent pour se reproduire, c'est-à-dire se diviser. Chez un animal microscopique, un ovule, c'est un autre petit animal déjà presque complet produit en lui, comme une cellule produit d'autres cellules; la simplicité des tissus et celle des organes chez l'être adulte ne réalisant qu'un commencement de différenciation et de localisation. La génération n'est donc ici, comme partout du reste, qu'un mode plus perfectionné de la végétation cellulaire. Seulement, à mesure que l'organisme s'élève, le phénomène se localise en s'accusant, se déterminant, se compliquant de plus en plus, et s'adaptant aux besoins de l'espèce, à ses conditions de vie et aux nécessités de sa propagation.

On conçoit aussi comment, quand l'organisation est très-simple, l'ovule produit par lui, reçoit une impulsion vitale suffisante à son développement total. Mais aussitôt qu'il se complique et se localise, que le mouvement vital initial a dû s'épuiser chez l'adulte à produire des organes multiples et diversifiés, qu'un seul estomac doit chez lui digérer pour nourrir des membres et une tête qui ne font que dépenser du mouvement, les ovules, produit d'un excès de nutrition, ne peuvent recevoir de lui qu'une quantité insuffisante de force vitale. L'impulsion organique qu'il leur transmet peut leur permettre de se développer jusqu'à une certaine phase, à laquelle ils s'arrêteront et mourront, s'ils ne reçoivent une nouvelle quantité de mouvement moléculaire. C'est donc quand apparurent ces organismes déjà compliqués, localisés, plus ou moins puissamment centralisés, que, dans la succession des générations et de progrès en progrès, dut se former l'organe mâle propre à communiquer à l'ovule, insuffisamment vivant, cette quantité de force vive qui lui manquait pour continuer son évolution. Plus tard, bien plus tard seulement, un seul individu n'eut même plus un excès de vie suffisant pour subvenir à cette double dépense de force et l'organe mâle et l'organe femelle se localisèrent chez des sujets différents. Cette adaptation s'effectua probablement, chez la plupart des espèces, par l'atrophie et la résorption de l'organe femelle chez le mâle, de l'organe mâle chez la femelle ; chez d'autres, par la transformation directe de l'organe générateur asexuel primitif soit en organe mâle, soit en organe femelle. Mais ce progrès, produit successivement par une suite de modifications lentes, n'avait dans la série des phénomènes physiologiques rien d'absolument nécessaire ; ce n'était point une loi primordiale et essentielle de la vie et de la génération, puisqu'un accroissement de force vitale, une plus grande puissance de nutrition et d'assimilation chez un seul individu aurait pu arriver au même but et remplir une même fin. C'est ce que nous continuons à voir chez les plantes et les animaux hermaphrodites, chez les végétaux agames, tels que les grandes fougères, et chez certains zoophytes, qui, pour offrir une très-grande perfection organique, au moins relative, n'en sont pas moins restés asexués, et cependant se montrent aussi féconds, même plus féconds que les hermaphrodites sexués et les dioïques.

L'élément mâle n'agit donc sur l'élément femelle que pour lui communiquer une certaine quantité de ce mouvement vital dont l'ovule n'a reçu dans l'organe femelle qu'une dose insuffisante. En effet, l'ovule est bien vivant chez la femelle, mais il ne l'est pas absolument, suffisamment. Il l'est assez pour rester ovule ; bien que, si la fécondation tarde, beaucoup d'ovules meurent et se résorbent. Leur substance est éliminée ; si elle ne l'est pas, elle risque de se décomposer et d'entraîner la mort de l'animal, ou du moins des troubles pathologiques plus ou moins graves dans son organisation. Pour franchir les phases suivantes de son évolution, il faut qu'une nouvelle quantité de mouvement lui soit communiquée. C'est l'élément mâle qui vient lui apporter le secours de cette force dont il manquait pour croître et devenir. La fécondation n'est, en somme, qu'une *chiquenaude organisatrice*.

Non-seulement l'élément mâle vient apporter à l'élément femelle une certaine quantité de force, il modifie encore le sens de l'impulsion ; il change la direction du mouvement, comme la balle, arrêtée au milieu de sa course par la paume d'un joueur vigoureux, au moment où, inclinant sa parabole, elle va retomber sur le sol, bondit, se relève et s'élance dans une direction nouvelle.

Au lieu de balle, lancée dans l'espace, supposons mille billes de marbre jetées successivement sur un plan également de marbre. Chacune, en tombant, est animée d'une certaine quantité de mouvement. A chaque rencontre qu'elle fait d'une autre bille, déjà également en mouvement, il y a partage entre elles de la force vive dont elles sont animées, et changement dans leur direction initiale. L'une et l'autre reviennent sur elles-mêmes suivant certains angles, et chaque bille en mouvement en fait autant, chaque fois qu'elle en rencontre une autre. C'est un enchevêtrement, un chassé-croisé compliqué de carambolages successifs ou simultanés, d'où il résulte que l'arrangement total qui suit est toujours prédéterminé fatalement par l'arrangement qui précède immédiatement et par l'impulsion initiale de nouvelles billes jetées à travers le système total. Sans les frottements légers de chacune des billes sur le plan de marbre, même sans l'addition constante de nouvelles billes animées de vitesse, le mouvement serait perpétuel, et une sorte de retour cyclique s'établirait dans les mouvements et l'arrangement réciproque de tout l'ensemble.

Supprimons par la pensée le plan de marbre et les frottements qu'il produit; supposons que chaque bille est une molécule organique de substance ternaire ou quaternaire coagulable et qu'elle se meut, non plus sur un plan, mais dans un espace libre, circonscrit par des parois résistantes. Chacune de ces molécules est animée de forces qui lui sont inhérentes, c'est-à-dire qui dépendent de ses propriétés chimiques. De plus, chacune d'elles a reçu d'une impulsion initiale, qui l'a jetée dans le système, une certaine quantité de mouvement. Un arrangement quelconque résultera donc de ces données complexes et cet arrangement ne sera point un état de repos, mais un état perpétuel de mouvement, un va-et-vient régulier de chaque élément, un constant échange de forces vives, d'impulsions données et reçues, partagées et perdues. Et si, suivant une loi fixe, toujours d'un même point ou de plusieurs, des molécules nouvelles sont introduites et lancées dans cet engrenage, avec une impulsion toujours égale et des propriétés semblables, l'arrangement total sera progressivement altéré, suivant une loi toujours constante et prédéterminable.

C'est ainsi qu'on peut se représenter la formation lente de l'ovule ; chaque molécule nouvelle qui vient l'accroître lui étant apportée par le courant régulier de la nutrition.

Mais si cet état d'accroissement persévère, si pendant trop longtemps de nouvelles molécules sont apportées dans cet espace circonscrit par l'élasticité de ses parois, les rencontres entre ses éléments moléculaires seront de plus en plus fréquentes à mesure que le nombre de ces éléments croîtra ; les espaces parcourus seront moindres, les chocs plus violents, les affinités chimiques, agissant avec plus d'intensité, détermineront des frottements dans lesquels le mouvement se perdra, en même temps qu'augmentera la densité totale, c'est-à-dire le rapprochement des molécules dans un même espace ; de sorte que, l'espace manquant bientôt au mouvement, l'équilibre, c'est-à-dire le repos relatif, tendra à s'établir, et, de l'état coagulé ou actif, la matière de l'ovule aura une tendance à passer à l'état solide ou de mort. C'est le moment extrême de la maturation de l'ovule.

Si dans cet état il reste abandonné à lui-même, sans fécondation, sans nouvel apport de force, il ne pourra plus recevoir qu'une impulsion stérile de masse qui le fera se détacher de l'ovaire et rouler dans les conduits excréteurs. Ou, si une action chimique externe, agissant sur ses parois, les décompose, sa substance intérieure, également bientôt altérée, rentrera atome par atome dans le courant circulatoire de la désassimilation, et sera résorbée. De toute façon, il sera demeuré stérile, il aura été arrêté dans son évolution.

Pour la continuer, il eût fallu que chaque molécule nouvelle apportée par la nutrition dans le système eût été animée d'une impulsion initiale assez forte, pour altérer de certaine façon déterminée tout l'ensemble des mouvements, pour agir sur les parois résistantes qui le circonscrivent, pour les distendre, les élargir, les modifier, au besoin, les faire éclater. De sorte que la quantité de mouvement apportée par chacune d'elles, juste dans le sens défini nécessaire pour opérer les modifications de tissus d'où naissent les divers organes, étant empruntée à la mère, durant la gestation, suffirait à produire la succession des phases intra-utérines ; comme plus tard la nutrition opérée directement par les organes de la larve ou du petit suffit au développement de ses phases extra-utérines.

Or, si l'organe femelle ne fournit pas à l'ovule de la force vive en quantité suffisante, si chaque molécule qu'il lui donne n'a pas, soit la quantité de mouvement, soit l'impulsion nécessaire, l'ovule restera infécond. Mais qu'avant le moment de sa maturation, une impulsion assez forte vienne de quelque autre part animer ses molécules internes de façon à leur communiquer une impulsion nouvelle dans la mesure et le sens où elle manquait ; que, par exemple, la détente élastique de la tige du sporule pollinique, pénétrant dans cet ensemble, y détermine une nouvelle série de mouvements, et les molécules organiques, ranimées, se rassembleront sur certains points en granulations solides qui laisseront place à l'insertion de nouvelles molécules liquides, coagulables, qui, déployant à elles seules toute la force vive, devenue latente ou équilibrée, qui les animait précédemment, distendront les parois, les enveloppes ovulaires, les modifieront, et, à leur intérieur, commenceront l'évolution en sens déterminé de la vésicule germinative. Cette impulsion de l'élément mâle, qui chez chaque zoospore ou zoosperme sera très-analogue, sinon identique, dans la plupart des espèces, puisque chez tout sujet mâle cet élément sera le résultat d'une même série de causes, aura donc créé un ordre, un arrangement tout nouveau, d'où pourra résulter toute une nouvelle série de phénomènes. Ceux-ci pourront encore être modifiés dans leur succession, influencés par des causes accidentelles, locales ou passagères, à mesure que, l'évolution de l'embryon se continuant, chaque cellule produira d'autres cellules, chaque tissu d'autres tissus, chaque organe d'autres organes, et que la nutrition apportera à cet ensemble le tribut de nouvelles forces vives et des impulsions de sens défini et constant pour chaque race, avec des matériaux différents, doués de propriétés chimiques ou physiques différentes.

VI. CONTINGENCE DE LA SEXUALITÉ.

Quand la reproduction du type a lieu dans un bourgeon ou chez un être asexué, rien de plus naturel que les impulsions successives, données par un seul et même individu, aient pour résultante un autre individu semblable ou du moins très-analogue. Cet individu n'est arrivé à l'état adulte, à l'âge de se reproduire, qu'à l'aide d'une longue série de phénomènes dynamiques successifs, dont les uns ont été la condition des suivants, et qui, successivement, ont constitué sa forme interne et externe, ses organes et leurs fonctions, par une corrélation nécessaire. Tous les individus chez lesquels cette corrélation n'a pas existé ont été détruits dès l'instant même où elle a fait défaut. Ceux-là seulement chez lesquels s'est établie cette harmonie, en vertu de la résultante des impulsions reçues par leurs molécules nutritives à leur entrée dans l'organisme, ont seuls pu arriver à l'âge adulte. Et ceux chez lesquels, à l'âge adulte, s'est développée, avec la puissance de reproduction et les organes qui lui correspondent, la faculté de transmettre, en même sens, avec même intensité, les impulsions initiales qui les avaient produits eux-mêmes, ont pu avoir des descendants généralement, sinon toujours, héritiers de leurs formes et de leurs facultés, et faire ainsi souche de types constants.

Nous sommes donc bien toujours en face d'un ordre de faits tout contingents ; car la résultante des impulsions organiques, chez les premiers êtres de la création terrestre, aurait pu être telle que la génération, c'est-à-dire la reproduction du vivant par le vivant, du semblable par le semblable, n'aurait jamais existé. Il aurait pu n'y avoir sur la terre d'autres habitants que ceux qui y seraient nés spontanément au sein de matières organiques libres, comme durent naître les premières souches de nos races généalogiques. Il y a peut-être des mondes sans cesse repeuplés ainsi. Mais on conçoit que l'organisation ne peut s'y élever à des formes supérieures très-complexes que si le progrès arrive à s'effectuer par une série de transformations et métamorphoses, analogues à celles de nos insectes, par exemple, chez des individus doués d'une vie très-longue, sinon éternelle. Pour que la vie se prolongeât chez un être organisé, il suffirait que l'apport de force vive, dû à la nutrition, fît toujours exactement équilibre à la quantité de cette force vive dépensée dans le mouvement vital, et que l'assimilation fût exactement corrélative à la désassimilation, ce qui n'a rien en soi d'impossible. C'est par suite de ce défaut d'harmonie dans les fonctions vitales que la mort se produit, certains détritus inutiles de la vie se fixant à la longue dans les organes, au lieu d'en être rejetés, et finissant par les obstruer, par gêner leurs fonctions, les rendre difficiles, puis impossibles, ou au contraire par les exciter et les accélérer outre mesure. Cet équilibre conservateur de la vie eût, du reste, suffi à mettre obstacle à toute germination, bourgeonnement, reproduction de l'individu par l'individu, puisque, sans un excès de nutrition se continuant après l'accroissement et le développement total de l'adulte, il n'y aurait point sans doute formation d'ovules.

La génération semble donc la conséquence en même temps que le remède de ce défaut d'équilibre, qui produit d'abord l'accroissement de l'individu et ensuite sa mort. Réciproquement, la mort apparaît comme une condition de la génération, qui vient réparer constamment les pertes du monde organique et remplir les rangs éclaircis des êtres vivants.

Si d'abord, chez des êtres rudimentaires, la fonction génératrice a pu être très-simple, ne différer que très-peu du phénomène ordinaire de la végétation et se présenter comme une simple segmentation ; à mesure que des êtres plus parfaits se sont produits, que la succession de leurs phases évolutives a été plus complexe, la fonction génératrice a également dû se compliquer. Plus l'être adulte est devenu parfait, localisé, centralisé, pourvu d'organes adaptés à certains actes vitaux diversifiés, plus l'ovule produit a d'abord différé de son parent et plus l'impulsion vitale, qui lui était nécessaire pour parcourir à son tour les mêmes phases, a dû être puissante. De sorte qu'un organe spécial a d'abord dû être adapté exclusivement à la fonction génératrice, mais l'a remplie tout entière, c'est-à-dire a produit des ovules ou germes capables, par eux-mêmes, d'accomplir leur évolution totale ; puis, à côté de l'ovaire, mais chez le même sujet, un organe a été adapté spécialement pour communiquer aux ovules la quantité de force vive qui leur manquait, l'impulsion qui leur faisait défaut pour atteindre au degré de perfection organique de l'individu qui la produisait, c'est-à-dire pour continuer à se développer sur le même plan et selon les mêmes phases évolutives que son producteur. Plus tard, enfin, chez l'être encore plus parfait, plus localisé, plus centralisé, doué de plus d'organes et de plus d'aptitudes, qui toutes exigeaient une certaine dépense de force, les deux organes sexuels réunis sur le même sujet ont pu se montrer insuffisants à reproduire le jeune individu dans son intégralité. Il suffit, d'ailleurs, que les espèces chez lesquelles la séparation des sexes s'est effectuée aient donné des produits plus vigoureux, pour que ceux-là seuls, ayant survécu, soient arrivés à se reproduire à leur tour, suivant le même mode ; tandis que les espèces hermaphrodites ou asexuées, de forme analogue, succombaient sans postérité ou ne laissaient qu'une postérité débile, incapable de soutenir la lutte contre des congénères plus favorisés.

C'est une autre série de faits, également tout contingents, qui nous expliquera pourquoi les fils ressemblent aux pères, les descendants aux ancêtres. A l'origine, quand l'organisation terrestre, voisine de son apparition spontanée sous les formes les plus rudimentaires, cherchait encore sa loi, aucun produit peut-être ne ressembla à son producteur. C'est-à-dire que si toujours la cellule organique eut la propriété de générer d'autres cellules dans un milieu ambiant favorable, comme un cristal formé décide la formation en cristaux des molécules contiguës, de même substance, du moins les masses cellulaires elles-mêmes restaient amorphes ou affectaient la symétrie purement géométrique des cristallisations minérales. L'existence de cette symétrie primitive des masses cellulaires vivantes semble attestée encore par les traces nombreuses qu'on en retrouve chez tous les êtres organisés, les plus inférieurs surtout, tels que les rayonnés et les végétaux. Mais, comme dans ces masses cellulaires symétriques ou amorphes, aucun organe spécial n'était formé, comme aucune fonction n'était localisée, comme chaque cellule de la masse, vivant de sa propre vie, représentait, en réalité, l'individu et sa forme typique, ce désordre apparent extérieur ou cette symétrie inerte de la forme n'importait nullement à la conservation et à la reproduction de l'être collectif.

Aussitôt, au contraire, qu'un certain nombre de cellules se hiérarchisèrent en tissus, et que dans ces tissus apparut, avec un premier organe en corrélation avec une fonction spéciale, un commencement de centralisation organique, la forme totale de l'être vivant devint pour lui une condition de vie. Les individus qui purent communiquer à leurs segments, à leurs germes l'impulsion nécessaire pour se centraliser à leur tour sur le même plan et reproduire leur structure interne ou externe, firent seuls souche et transmirent une postérité aux siècles suivants. Ainsi de chaque génération et à chaque époque. De sorte qu'un nombre incalculable d'individus, qui ne firent jamais souche d'espèce, s'est sans doute produit aux premiers âges, par une simple segmentation des masses cellulaires amorphes ou régulièrement symétriques, qui, primitivement, peut-être pendant de longs âges, représentèrent à la surface du globe l'empire de la vie. Ce premier règne, équivoque entre la plante et l'animal, qui n'a pu nous laisser les traces fossiles de sa substance toute gélatineuse, cet ordre inconnu, mal ou à peine représenté aujourd'hui par nos derniers infusoires protéens ou amorphes, a disparu avec les conditions climatériques ou cosmologiques qui ont permis et occasionné son apparition. Incapable aujourd'hui de reparaître spontanément sous des conditions cosmiques toutes différentes, il a, dès les premiers âges, dû être peu à peu vaincu dans la concurrence vitale par les souches, douées d'impulsions formatrices et centralisatrices plus énergiques, qui transmirent à leur postérité vivante une prédisposition dynamique à se hiérarchiser, à se centraliser de plus en plus et à évoluer, soit symétriquement, soit asymétriquement, mais toujours suivant une formule fixe pour chaque souche, de manière que, le plan primitif étant donné à chacun par son innéité héréditaire, ce plan put et dut peu à peu se développer, selon sa loi propre, jusqu'à produire les plus merveilleuses corrélations de fonctions et d'organes.

VII. LA VARIABILITÉ CHEZ LES HERMAPHRODITES ET CHEZ LES DIOIQUES.

Surtout durant la période terrestre où régna presque exclusivement l'hermaphrodisme, chaque individu étant le produit d'un seul individu, celui-ci d'un autre et ainsi de suite, la transmission du caractère héréditaire a dû se faire avec la plus grande fidélité. Chaque parent étant cause unique pour son produit, la résultante des forces et impulsions léguées à celui-ci avait pour facteur unique la somme des forces et impulsions totales de son producteur. Chaque génération reproduisait, pour les mêmes raisons fatales, les caractères de sa race, qui devait conséquemment arriver au plus haut degré de la fixité. De là cette force d'atavisme considérable, qui n'est que l'impulsion organisatrice du père multipliée par celle de toute la série totale de ses ancêtres de même type. De là cette remarquable fixité, cette presque identité de tous les représentants de nos espèces fossiles, dont quelques-unes ont envoyé jusqu'à nous des représentants à peine altérés, et qui presque toutes ont vécu durant cette longue période transitoire pendant laquelle l'hermaphrodisme régnait presque seul, et représentait le plus haut degré de la vie.

Pourtant, d'un autre côté, quand une influence perturbatrice locale, un changement dans les conditions de vie, une altération des milieux ou des climats venait à agir sur un individu, à modifier en lui l'impulsion génératrice, à altérer, modifier, presser ou retarder le développement des ovules, leur éclosion, leur évolution, une race nouvelle était, par là même, presque soudainement créée, par une brusque transition, par un saut imprévu sans degrés préparatoires. Car tous les ovules modifiés ainsi par une influence directe s'adaptaient ou non à ces conditions de vie nouvelles. Si leur adaptation était impossible, ils disparaissaient tous ; la souche s'éteignait. Si elle était incomplète, un certain nombre survivaient modifiés, formant une variété nouvelle. Si elle était facile et générale, si chez tous la variation était en corrélation exacte avec les changements du milieu, tous vivaient, se multipliaient rapidement. Et si les conditions extérieures, demeurant les mêmes, continuaient d'agir sur les générations suivantes, une race locale, une espèce se trouvait créée, en quelques années, sans transition dont il pût rester des traces pour nous.

Cette nouvelle espèce pouvait se répandre de proche en proche, partout où elle trouvait des conditions favorables, et se substituer partout à la race mère, si le changement des conditions extérieures s'était effectué partout. Or tel n'est-il pas l'ordre de faits que nous constatons dans la succession de nos formes fossiles des périodes paléozoïques, primaires et même secondaires, c'est-à-dire quand l'hermaphrodisme dominait partout et que, conséquemment, la force atavique ne pouvait pas retarder la formation des races nouvelles par l'action des croisements entre les individus modifiés et les représentants de la souche mère restés sans variations.

Il faut bien admettre que le règne de l'hermaphrodisme a compris autrefois bien des êtres qui lui sont enlevés aujourd'hui.

Une modification dans les organes reproducteurs n'entraîne pas nécessairement avec elle une modification profonde des formes. Le dioïsme chez presque tous les êtres vivants paraît avoir résulté de la résorption lente de l'un des deux organes sexuels, primitivement juxtaposés ou confondus. Aujourd'hui encore il est commun de trouver chez nos végétaux ou même chez nos animaux des variétés dioïques et d'autres monoïques ou hermaphrodites, qui, sans cette différence, considérée à tort comme fondamentale par les zoologistes et surtout par les botanistes, seraient placées dans la même espèce et qui, par tous leurs autres caractères, appartiennent au même genre. Je citerai comme exemple la *lychnis dioïca* et certains mollusques de genres voisins dans lesquels l'hermaphrodisme est complet ou incomplet. De même sans doute, beaucoup d'animaux, aujourd'hui dioïques ou hermaphrodites incomplets, ont été, jusqu'à une époque assez rapprochée de nous, des hermaphrodites parfaits.

Si Ch. Darwin a constaté par des faits nombreux que de temps à autre un croisement entre individus distincts, même chez des races ordinairement hermaphrodites, telles que sont la plupart des plantes, donne une nouvelle vigueur à la race, ce fait montre seulement comment le dioïsme a pu se substituer en beaucoup de cas à l'hermaphrodisme, celui-ci à l'asexualité ou l'agamie; mais il ne prouve nullement que la séparation sexuelle soit primordiale et nécessaire, comme il a une tendance à l'admettre. Puisqu'elle se manifeste comme un progrès, comme un degré supérieur de localisation organique, elle a dû se développer dans le temps, après une série d'autres états inférieurs moins localisés.

Quand la sexualité dioïque parut pour la première fois sur le globe, quel fut son effet sur la transmission héréditaire? Les croisements accomplis, d'abord chez des êtres inférieurs qui voyagent peu, eurent lieu le plus généralement entre des êtres très-semblables, de même souche et fréquemment très-proches parents. En ce cas, ils eurent pour résultat de fixer de plus en plus les formes par un redoublement de l'action atavique.

Mais toutes les analogies nous permettent de supposer qu'à ce moment de trouble et de transition, certains individus, devenus impuissants à se féconder eux-mêmes, bien que dépourvus encore d'instincts fixes correspondant à ce nouvel état de leurs organes, ont essayé de satisfaire à leurs besoins générateurs par les accouplements les plus insensés, comme on le remarque si fréquemment, par exemple, chez nos animaux sauvages retenus en domesticité et séparés de tous congénères. De la plupart de ces essais d'un organisme troublé dans ses fonctions, il ne résulta rien sans doute ; mais quelques-uns purent être exceptionnellement féconds sous des influences climatériques plus favorables que celles de nos jours à la propagation de la vie. Qui sait, qui saura jamais bien la mesure de la puissance organique, quand la nature enfantait si facilement les monstres les plus gigantesques, à côté de ces myriades d'animalcules dont les débris forment aujourd'hui le sol de nos plus immenses plaines, de nos masses rocheuses les plus puissantes ? Ces croisements réussis, quoique tentés à l'aveugle, nous expliqueraient peut-être quelques-unes des étranges différences sexuelles qui s'observent chez les insectes, les crustacés, et plusieurs cas de génération alternante. L'affolement et, plus tard, la fusion de deux races en une par le croisement n'auraient-ils pas été le point de départ de ces espèces protéiformes, la sélection venant agir pour fixer peu à peu l'étendue de leurs variations et en régler invariablement le cycle ?

Point n'est besoin, il est vrai, de cette hypothèse, dont je confesse que les bases sont très-légèrement fondées, pour expliquer les faits de la génération alternante ou le dimorphisme sexuel. Nous avons dû reconnaître que la sexualité régulière, de même que la transmission normale du caractère typique des ancêtres aux descendants, n'avait pu s'établir qu'à la longue et à travers mille essais infructueux, mille ébauches manquées. Nul doute que, pendant longtemps, les germes monstrueux abondèrent, qu'ils passèrent en nombre les germes viables ; qu'à chaque ponte, il y eut des éclosions de formes inattendues ; que certaines segmentations primitives seules réussirent à produire des segments capables eux-mêmes d'une évolution progressive, parmi un nombre supérieur de segments dont l'évolution fut rétrogressive. Les organes de la génération, en tout type, ne furent pas d'abord parfaits, et une fécondité énorme, telle qu'on l'a constatée chez la plupart des formes inférieures de la vie, put seule compenser durant longtemps ces non-valeurs de l'organisation. Il se peut donc que certains êtres n'aient pu se constituer de manière à reproduire leur semblable, mais seulement des masses ovulaires douées d'une impulsion vitale insuffisante ou aberrante, qui les faisait éclore sous des formes seulement ébauchées ou très-diverses, assez coordonnées pour vivre, mais non pour évoluer jusqu'à reproduire la forme mère. Certaines de ces formes imparfaites ou monstrueuses, mais pourtant viables, peuvent avoir donné naissance, soit à d'autres formes également aberrantes et susceptibles de se reproduire suivant certains modes spéciaux, soit enfin, par un retour atavique, à des formes reproduisant la forme mère. La sélection, agissant, à travers les temps et les générations, sur ces produits capricieux de la vie, aura réglé peu à peu leur alternance cyclique et, sous la loi de nécessité, d'utilité supérieure, mis un ordre relatif dans ce désordre absolu. Ainsi, nombre de faits qui ne peuvent trouver leur raison d'être dans l'hypothèse d'un plan général et providentiellement prédéterminé de la création, s'expliquent aisément par la loi fatale des résultantes de forces aveugles en luttes constantes.

La sélection, agissant dans la suite des générations pour ordonner le désordre primitif, rend compte de même du dimorphisme sexuel, du protéisme de certaines espèces, des castes variées de neutres chez les hyménoptères. Dans une même espèce mal fixée peuvent s'être produits, dès l'origine, des ovules divers, plus grands ou plus petits, plus ou moins actifs, énergiques et aptes à se développer suivant des plans différents, en corrélation avec des fonctions différentes, des aptitudes, des instincts contraires. Ainsi, d'une même ponte pouvaient sortir des individus géants, d'autres nains ; pourvus d'un nombre plus ou moins grand de segments complets, rudimentaires ou surnuméraires ; des individus ailés ou aptères, nus ou carapaçonnés, d'abord sans corrélation avec aucune différence sexuelle peut-être, bien que plus ou moins féconds. Chez les uns la fécondité alla croissant, chez les autres la stérilité. De la résorption des ovaires chez ceux-ci put se former la substance élaborée du testicule, stérile par elle-même, mais apte à féconder l'ovule arrêté dans son développement incomplet. Que les croisements des petits mâles avec de grandes femelles, ou *vice versa*, aient mieux réussi, et de ces croisements seront sorties des races chez lesquelles soit les femelles, soit les mâles auront accusé une prédominance croissante de taille ou de force, ou une prédisposition fixe et bientôt héréditaire à évoluer suivant certain plan, à être exclusivement pourvus de certains organes, sans corrélation réellement nécessaire avec la fonction sexuelle. Ainsi, il serait impossible de soutenir que, chez le *lampyre* de nos climats, il y ait nécessité que le mâle seul soit ailé et que la femelle, deux ou trois fois plus grande, soit aptère et seule lumineuse. L'inverse serait aussi bien dans l'ordre possible, et un ordre tout autre, en effet, s'observe chez la *luciole* d'Italie, à la fois ailée et lumineuse chez les deux sexes. De même, l'existence du polymorphisme chez les fourmis est bien plus naturelle, si on le considère comme primitif dans la souche ; car il suffit, dès lors, pour qu'il se soit conservé chez certaines races et plus ou moins perdu chez d'autres, qu'il ait été avantageux à certaines espèces d'avoir des individus différemment construits, en corrélation avec des fonctions diverses, et des femelles plus ou moins fécondes, pour que ce dimorphisme, sans doute très-désordonné, très-nuisible à l'origine, se soit peu à peu réglé et fixé, de manière à produire l'ordre que nous constatons aujourd'hui.

Chez les souches très-fécondes, telles que le sont en réalité les fourmis, les abeilles ou les végétaux, qui nous offrent aussi des cas fréquents d'un polymorphisme souvent très-capricieux, il suffit que la monstruosité, la difformité, la variation désordonnée, polymorphique, se soit produite une seule fois, chez une seule famille, en une seule ponte, pour que de cette ponte soient sortis un certain nombre de sujets, adaptés plus ou moins complétement à des fonctions diverses, qui sont devenus la souche d'une race et ensuite d'une espèce désormais polymorphe.

Le long travail de la sélection n'a ensuite agi que pour régulariser ce qui était anormal, ordonner ce qui s'était produit sans ordre, en une seule fois, et peut-être sous des influences pathologiques résultant d'actions, d'impulsions dynamiques, chimiques ou physiques, externes ou internes, agissant accidentellement sur les ovules ou les embryons.

Lorsque enfin le plus grand nombre ou seulement un grand nombre d'espèces furent devenues fixément dioïques ; que le mélange entre races analogues, de même souche originelle, mais depuis longtemps distinctes, fut devenu la règle, chaque croisement fut un combat entre deux forces ataviques plus ou moins distinctes, et le résultat fut une altération, une variation plus fréquente et plus profonde, mais moins durable et moins fixe, des types généalogiques. « Les croisements, dit M. Darwin, ont autant pour but de produire des différences que des ressemblances. » Ils les produisent nécessairement et toujours dans certaines limites, dès que les individus produits résultent de deux races elles-mêmes un peu variables et d'individus un peu différents. En effet, dans tout croisement entre deux individus un peu différents, ou de souche en quelque chose variable, l'impulsion organique reçue par chaque ovule est double et formée de deux éléments toujours plus ou moins divergents. L'hermaphrodisme avait donc pour résultat de produire la presque identité des individus, en règle générale, mais, par accident et sous l'influence d'actions locales, de nombreuses races également locales. De la sexualité dioïque durent dériver, au contraire, d'innombrables différences individuelles, avec une fixité résultante plus grande de l'espèce entière ; plus de variétés flottantes, moins de races fixes et présentant des caractères aisément transmissibles : tout croisement entre ces variétés produites ayant pour effet d'effacer leurs caractères dans le type primitif ou ancestral de leur commune souche. La sélection intelligente de l'homme peut seule prévenir ce résultat et rendre aux espèces dioïques la variabilité ethnique des hermaphrodites.

Et c'est en effet chez les animaux dioïques que l'individualité est le plus accusée ; c'est chez eux que se produisent les variations les plus profondes et, le plus fréquemment, les monstruosités. Mais ces variations, aussi, restent plus flottantes, se fixent moins aisément dans une race distincte ; tandis que si les hermaphrodites sont plus difficilement entraînés à des variations individuelles, si ces variations ont une moindre amplitude, elles se fixent aussi plus aisément en races héréditaires. Pour causer les variations des plantes, presque toutes hermaphrodites, ou au moins monoïques, il faut que nos horticulteurs recourent au croisement. Chez les animaux, en grande majorité dioïques, les croisements n'aboutissent guère qu'à la stérilité, ou à une fécondité très incomplète. Pour obtenir des races animales, il faut donc profiter des variations individuelles accidentellement produites et les accumuler par la sélection et par les croisements consanguins. Pour former les races végétales, on affole les races par des croisements hybrides successifs ; et de chaque produit hybride il devient facile ensuite de tirer une race très-rapidement fixée sous l'influence de l'hermaphrodisme qui, en réalité, équivaut au croisement consanguin.

VIII. LE DYNAMISME HÉRÉDITAIRE OU DYNAMIGÉNÈSE.

La théorie dynamique donne l'explication la plus naturelle de tous ces faits. L'hermaphrodisme, comme les croisements consanguins, est une impulsion toujours transmise en ligne droite, entre un certain nombre de machines vivantes qui se communiquent l'une à l'autre une même quantité de mouvement et en même sens.

Dans les croisements dioïques, chaque nouvelle machine produite est organisée et sollicitée par deux machines, toujours un peu dissemblables qui l'animent de deux forces inégales, toujours un peu divergentes, de sorte qu'elle se meut suivant la résultante des deux impulsions. Tandis que, dans une race locale hermaphrodite, la force d'atavisme ajoute une impulsion unique et très-puissante à la puissance prolifique individuelle pour maintenir chez chaque produit la forme ancestrale ; au contraire, dans le croisement dioïque, la force prolifique, double et divergente, est ajoutée à deux forces ataviques transmises par chacun des parents, et qui se décomposent elles-mêmes, chacune à chaque génération en arrière, en deux forces, soit convergentes, soit divergentes, soit parallèles. L'enchevêtrement de cette double ramification peut donner les résultats les plus inattendus. Si, en général, l'opposition même de ces forces si multiples tend à ramener leur résultante sur une ligne moyenne, sensiblement parallèle à celle qui résulte de l'impulsion génératrice des hermaphrodites, en certains cas exceptionnels, au contraire, cette résultante peut former un angle considérable et donner la prépondérance soit à l'une des deux formes mères, soit à quelqu'une des formes ancestrales les plus aberrantes, soit de l'une, soit de l'autre souche. Enfin ces forces peuvent se détruire l'une l'autre au point de rendre impossible ou complétement asymétrique, amorphe et monstrueuse l'évolution de l'ovule qu'elles sont venues solliciter de leurs impulsions contraires. La force vive organisatrice lui a été transmise, mais cette force n'a donné lieu qu'à des mouvements désordonnés, amenant le développement anormal d'organes sans corrélation mutuelle et impropres à leurs fonctions.

Si, de plus, on considère qu'à ces résultantes si diverses des impulsions héréditaires, viennent se joindre chez les races dioïques les causes accidentelles et externes de variations qui dérivent des changements de milieu, d'hygiène, de nourriture, de conditions de vie, causes qui seules agissent chez les hermaphrodites et parfois suffisent à les faire dévier tout à coup de leur type, il devient aisé de comprendre la grande variabilité individuelle des dioïques, et comment, à cause même de cette variabilité individuelle, il est si difficile de produire parmi eux de nouvelles races fixes. Ces causes accidentelles qui suffisent seules à faire varier subitement et à la fois tous les produits de tous les sujets d'une espèce hermaphrodite vivant dans le même milieu, en agissant d'une façon identique sur tous les ovules, ont au contraire sur chaque ovule de chaque sujet d'une espèce dioïque une action différente, parce qu'elle se combine avec les éléments si divers de l'impulsion totale héréditaire qui les anime. On comprend ainsi que chez les hermaphrodites tous les individus produits dans un même lieu, une même saison, par tous les représentants de la race locale, soient presque identiques pour notre observation superficielle ; tandis que, chez les dioïques et chez les hermaphrodites incomplets ou exposés aux croisements accidentels, tels que les végétaux et certains animaux, les frères et les sœurs ne se ressemblent même pas. Du même ovaire il naît des ovules qui produiront des variétés toutes différentes, mais aucune de ces variétés ne sera fixe, car chacun des ovules qu'elle produira pourra être sujet à reproduire aux générations suivantes les caractères d'un ancêtre prochain ou éloigné.

La théorie dynamique peut seule donner une explication de ces différences profondes qu'on observe parfois chez les espèces dioïques entre les frères de même père et de même mère. Dans ce cas, chaque parent est le résultat d'un arbre généalogique très-ramifié et dont les branches sont plus ou moins divergentes. Néanmoins, quelles que soient ces divergences, il semblerait que l'impulsion vitale résultante de ces deux généalogies dût être identique pour chacun de leurs produits. De là, en effet, cette ressemblance générale qui constitue entre les frères et les sœurs l'air de famille, physionomie générale qui s'allie cependant souvent aux caractères les plus différents ; de sorte que, dans une même famille, les frères ou les sœurs semblent parfois appartenir à des races différentes. Ces dissemblances se produisent dans une même portée de chiens ou de chats, comme dans les familles humaines où, souvent, on observe le mélange le plus étrange de carnations claires ou foncées, de crânes larges, longs ou hauts, de cheveux lisses ou crépus, noirs ou blonds, d'yeux bruns, verts, gris ou bleus, et des variations considérables de taille. Cependant ces différences sont en général plutôt myologiques et physiologiques, qu'ostéologiques. Quelles qu'elles soient, elles restent inexplicables par la transmission des germes de cellule de M. Darwin ; car on ne voit nullement pourquoi certains produits auraient hérité des caractères de tel ancêtre plutôt que de tel autre, et auraient fait tel ou tel choix parmi les millions de germes cellulaires émanés de leur double lignée généalogique.

Dans la théorie dynamique, au contraire, tous les ovules de la femelle, influencés par la totalité des impulsions ataviques qui les sollicitent, devront présenter des ressemblances générales dans leur constitution moléculaire ; mais chacun d'eux évoluant successivement, en des moments différents, sous des influences physiologiques variables, avec l'état de santé ou de maladie, de surexcitation ou de prostration, de repos ou de mouvement, avec la nutrition, la respiration, l'énergie vitale momentanée, pourra présenter des différences considérables dans sa constitution atomique et surtout dynamique, être doué d'une inégale quantité de force vive et animé d'impulsions très-variables quant à leur intensité, leur vitesse, leur rhythme ou leur direction. De là donc il ressort déjà que, même chez l'hermaphrodite, les produits ovulaires pourront présenter chez le même individu certaines différences individuelles.

Chez les dioïques, les différences de constitutions ovulaires seront encore accrues de différences de même ordre dans la constitution des éléments fécondants du mâle ; de sorte que, selon l'année, le jour, le moment de la fécondation, selon les dispositions physiologiques, parfois morbides, de l'un et l'autre producteur, et, dans l'humanité, surtout selon leurs dispositions passionnelles ou même intellectuelles, l'impulsion vitale résultante qui sera communiquée au produit sera indéfiniment variable.

Cette innéité du produit résultant de l'acte instantané de la fécondation sera encore modifiée par les influences mécaniques, physiologiques, pathologiques et passionnelles que subira le produit pendant sa vie intra-utérine et par les accidents auxquels la mère sera sujette pendant cette période. On peut juger de la valeur de ces éléments de variation en comparant les ressemblances, souvent si faibles, des frères et des sœurs et plus encore les différences qu'ils accusent avec la presque parfaite identité qu'au contraire on observe si souvent chez les jumeaux. En effet, les différences que ceux-ci présentent ne peuvent dériver que des variations dans la constitution ovulaire elle-même, ou des modifications, sans doute bien moins importantes, que peuvent présenter les divers éléments fécondants fournis par un même mâle, dans un même moment ou en deux moments assez voisins, mais qui peuvent cependant correspondre à des états physiologiques ou passionnels très-différents. Cependant, même dans la matrice et pendant la vie intra-utérine, les deux ovules peuvent ne pas subir des influences absolument identiques. Un des fœtus peut être exposé du fait de l'autre à des pressions, à des accidents ; les cordons ombilicaux peuvent être enchevêtrés de façon à ce que la nutrition ne se fasse pas également chez tous les deux ; le poids de l'un peut peser sur l'autre, soit dans la marche, soit pendant la station assise ou couchée de la mère, de manière à gêner la circulation en certaines parties, à diminuer la quantité de force vive produite, à en altérer la distribution dans les divers organes. On conçoit donc aisément que ces diverses influences amènent, même entre des jumeaux, et plus généralement entre des produits multipares, des différences qui seront néanmoins encore bien plus accusées entre les produits de portées successives nés des mêmes parents, et enfin entre les produits de parents différents d'une même famille et d'une même race.

Des actions dynamiques, jointes aux variations d'innéité, peuvent également expliquer la production de variétés plus ou moins aberrantes du type ancestral et même les monstruosités les plus anormales. Déjà, autre part (voir *Bulletins de la Société d'anthropologie*, 11e série, t. VIII, 1873, fasc. 5, p. 725), j'ai montré comment un croisement entre individus, dont la généalogie, très-divergente pendant un grand nombre de générations, converge vers un ancêtre unique très-éloigné, peut donner lieu à la réapparition de ce type ancestral, quelque différent qu'il soit des types intermédiaires ; et comment, en général, les croisements entre races très-distinctes et depuis longtemps séparées doivent avoir une tendance à faire rétrograder les produits vers des types inférieurs. (Voir *Bulletins de la Société d'anthropologie*, 11e série, t. X, 1870, fasc. 1er, p. 61.)

Dans ce cas, les forces ataviques des ancêtres immédiats

étant de sens trop divergents, doivent se détruire, s'annuler les unes les autres, en donnant une faible résultante moyenne sur laquelle prédomineront les influences ataviques convergentes des générations beaucoup plus éloignées. Dans l'ovule fécondé, chaque molécule sera sollicitée, en effet, par un faisceau compliqué d'impulsions opposées ou seulement très-diverses. Les influences de la race maternelle annulant les influences de la race paternelle, l'impulsion résultante sera le reste de leurs différences, augmenté des influences ataviques des ancêtres communs aux deux races qui auront vécu avant leur formation et leur séparation, peut-être en d'autres continents, à des époques très-lointaines et même à une période géologique antérieure.

C'est de même, par l'annulation de certaines impulsions génératrices ou ataviques par des impulsions contraires, héréditaires ou accidentelles, que peut s'expliquer la production de toutes les monstruosités dont les germes de cellules ancestrales de M. Darwin ne peuvent en aucune façon rendre compte, puisqu'il faudrait supposer l'existence à l'état latent dans la race de cellules de monstres qui n'auraient pu se reproduire et qui souvent même ne sont pas viables.

Ainsi, dans un ovule d'un individu de race, soit pure, soit croisée, chaque molécule est sollicitée à se mouvoir en certain sens par la résultante des forces ataviques. Et déjà nous venons de voir qu'il suffit d'une modification de ses éléments composants pour faire varier le produit à l'infini et pour mélanger en lui les caractères des deux races dont il provient, comme pour les supprimer par leur annulation réciproque, en donnant un produit tout différent, nouveau et parfois supérieur, en certains cas, très-ancien et souvent très-inférieur, en d'autres.

Ces variations, fruit direct du conflit des hérédités divergentes, peuvent être faibles ou considérables et arriver même à la monstruosité, mais en général à la monstruosité viable, bien que parfois le désordre produit soit tel que l'individu ne peut remplir toutes ses conditions de vie et soutenir la lutte contre des congénères mieux adaptés par une longue sélection à leur milieu.

De plus, un trouble mécanique peut être apporté à l'impulsion dynamique héréditaire et la modifier au point de donner un organisme complétement anormal.

Qu'on se figure ce qui se passe dans une machine industrielle compliquée, quand, par exemple, une courroie de transmission vient à se rompre. Immédiatement tout l'ensemble des rouages auxquels elle communiquait le mouvement, s'arrête, et les autres, héritant de la force vive que ceux-ci ne reçoivent plus, se meuvent, au contraire, avec une vitesse plus grande, hâtant le travail qu'ils effectuent. On comprend que, de même, une simple pression opérée sur certaines molécules de l'ovule, ou plus tard de l'embryon, la rupture d'un vaisseau, d'un filet nerveux naissant, va avoir pour résultat l'atrophie d'un organe, au profit parfois d'autres organes qui recevront un apport plus considérable de force vive. C'est la loi du balancement de croissance constatée dans la plupart des variations accidentelles et héréditaires, et surtout dans les organes qui, n'intéressant pas directement les fonctions vitales, ne sont en rapport qu'avec les fonctions de relation. C'est ce que M. Magitot a constaté chez les hommes velus dont la dentition généralement reste imparfaite. (*Gazette médicale de Paris*, 15 nov. 1873.)

Mais si le même accident, au contraire, se produit sur un organe vital, tout le développement de l'être en sera troublé. S'il se continue, en vertu de la puissante impulsion vitale qui l'anime, c'est qu'il se produira des réparations de la machine qui lui permettront de fonctionner plus ou moins bien, mais, en somme, d'après un plan nouveau plus ou moins profondément modifié. C'est le cas le plus fréquent pour les monstruosités viables, telles que transpositions d'organes, atrophie partielle, fusion des parties symétriques ou disjonction des parties médianes, arrêt de développement partiel ou général.

Qu'on se figure, au contraire, sur un même axe, mis en rotation par une courroie de transmission, deux roues au lieu d'une; la force vive va se diviser et animer deux rouages au lieu d'un, qui feront un double travail utile; tout le reste de la machine fonctionnera seulement un peu plus lentement. De même, on peut concevoir que, dans l'évolution d'un ovule, la force vive de certaines molécules, au lieu de se transmettre à un seul noyau cellulaire, se répartisse sur deux ou un plus grand nombre; en ce cas, au lieu d'un membre, il s'en développera deux, suivant une symétrie déterminée par le sens des impulsions reçues et modifiées par la présence ou la pression des autres organes normaux. Le plus souvent, ce doublement se produit symétriquement sur les deux membres correspondants des deux côtés ou sur la jambe et le bras du même côté. Qu'enfin ce dédoublement de l'impulsion vitale ait lieu tout à fait à l'origine de l'évolution ovulaire ou au moment même de la fécondation, et, au lieu d'une vésicule germinative, il s'en produira deux : on aura un monstre double plus ou moins complet, selon que la quantité totale de la force organique emmagasinée alors dans l'ovule ou reçue par lui plus tard sera suffisante au développement de deux êtres, ou ne leur fournira qu'une quantité de mouvement à peine supérieure à celle qu'un seul eût exigée. Dans le premier cas, on pourra avoir un monstre double, viable, presque parfait, comme les frères Siamois ou les deux Américaines connues sous les noms de Millie-Christine ; dans le second, les deux êtres qui se seront partagé une impulsion organique totale insuffisante, seront confondus par certains de leurs organes restés atrophiés ou demeurés communs. Tous les cas tératologiques peuvent ainsi provenir du dédoublement ou du triplement d'une impulsion organique locale quelconque, se manifestant à certain moment donné de l'évolution de l'embryon ; ce moment devant toujours précéder celui où, dans la vie fœtale, commence d'apparaître l'organe doublé, ou triplé, ou multiplié. Si, au contraire, il y a fusion, c'est qu'un dédoublement normal de l'impulsion vitale ne s'est pas effectué, ou qu'au moment de s'effectuer cette impulsion totale a été trop faible pour animer de vitesses suffisantes, ou en sens suffisamment divergents, deux rouages destinés à achever les deux organes symétriques fusionnés ou les dux moitiés de l'organe médian atrophié.

Toutefois, il doit être bien entendu que les comparaisons mécaniques auxquelles je viens d'avoir recours pour faire comprendre ces vues théoriques sont purement analogiques. Dans les phénomènes vitaux il ne s'agit plus, en effet, d'impulsions extérieures communiquées entre des masses solides considérées théoriquement comme inertes, mais de forces internes, inhérentes aux atomes constituants des molécules organiques ; d'activités qui leur sont propres et dépendent de leur constitution ; d'énergies chimiques, enfin, qui sont seulement surexcitées, entretenues, modifiées ou atténuées par les forces physiques générales, telles que la chaleur, l'électricité et le magnétisme ; forces qui leur sont communiquées ou enlevées par le milieu ambiant, mais qui, toutes, agissent du dedans au dehors de la molécule vivante.

Le dynamisme moléculaire, ainsi compris, suffit à expliquer comment la transmission héréditaire des caractères et des formes a pu s'établir et se développer par sélection ; comment aussi il peut donner lieu à des variations, à des exceptions, en nombre infini, et rendre compte des déviations violentes et monstrueuses du type, comme de ses variations légères. On a vu que des croisements dioïques entre souches à généalogies divergentes suffisent pour faire varier un type ; et que des actions dynamiques ou chimiques accidentelles, affectant, soit les organes générateurs, soit les ovules eux-mêmes, à une période quelconque de leur développement, peuvent toujours modifier l'impulsion des forces héréditaires. A ces actions dynamiques accidentelles externes il faut attribuer toute la variabilité des espèces hermaphrodites, asexuelles ou agames, c'est-à-dire la variabilité par bourgeons, boutures, greffes, segmentation ou scissiparité, comme celle des plantes ou animaux hermaphrodites protégés par leur conformation contre tout croisement accidentel, et chez les ancêtres desquels ces croisements n'ont jamais eu lieu.

Or, le nombre de ces souches parfaitement pures est actuellement très-petit, comme M. Darwin l'a suffisamment prouvé; et dans toutes les espèces où des croisements entre races plus ou moins différentes peuvent avoir lieu, ces croisements peuvent avoir pour effet, soit de produire des variétés nouvelles entièrement inédites, soit de faire réapparaître d'anciennes variétés éteintes, soit, enfin, de fixer le type et de fortifier l'influence héréditaire, selon que les deux généalogies des deux races productrices sont divergentes, convergentes ou parallèles, et donnent une résultante qui est la somme ou seulement le reste des forces ataviques composantes.

IX. LE DYNAMISME VÉGÉTATIF.

Il nous reste à chercher comment, chez un être vivant, un organe amputé peut repousser ; comment un animal coupé en deux moitiés peut reproduire deux animaux complets ; comment une tige peut pousser des racines ou des racines une tige dans la bouture ou le drageon ; comment une greffe peut s'incorporer à un arbre d'essence différente et donner des fruits qui lui sont propres à côté de branches portant des fruits tout différents.

Le problème semble pourtant bien simple. Hâtons-nous de dire qu'il n'y a rien de commun avec les phénomènes de la génération, sinon la part d'analogies que ces phénomènes ont eux-mêmes avec le fait bien plus général de la végétation, de l'accroissement par bourgeons, et de l'évolution organique en général. Il ne s'agit plus ici de la production d'un être nouveau, d'une action centrale primitive, d'une véritable création ou naissance, mais du développement d'un germe déjà préexistant, déjà en voie d'évolution : c'est-à-dire, en réalité, de la reproduction ou de la réparation d'une partie d'un ou de plusieurs organes.

Une bouture pousse des racines dans le sol, mais cette bouture sur l'arbre qui l'a produite eût participé à la production de ses racines. Ce sont ses propres racines qui, au lieu de pousser directement dans le sol, eussent poussé à travers le tronc de cet arbre et qui se fussent développées, avec elle et en même temps, à mesure qu'elle eût lancé ses bourgeons dans l'air.

On constate, en effet, que les racines d'une plante, d'un arbre, sont généralement la reproduction souterraine de ses ramifications aériennes ; que du côté où celles-ci s'étendent et se développent avec le plus de liberté et de luxuriance, celles-là également présentent un développement maximum, toutes les fois que de ce côté elles ne rencontrent pas des obstacles dans la nature du sol.

Si, dans ce dernier cas, la corrélation du végétal souterrain et du végétal aérien semble faire défaut, on pourra presque toujours constater son existence en étudiant la constitution intérieure du tronc dont les fibres présentent une torsion plus ou moins accusée. Ces phénomènes sont surtout visibles dans nos grandes dicotylédonées arborescentes. Dans chacune de leurs branches, on peut suivre les fibres du nœud jusqu'à la couche d'aubier ou de bois correspondant à l'année où s'est développé le bourgeon qui leur a donné naissance, et de là elles descendent jusqu'au sol à travers cette mince couche ligneuse qu'elles ont contribué à former. Corrélativement, quand un rameau annuel, au lieu de persister et de se ramifier, avorte et tombe, le nœud auquel il aurait donné lieu cesse de se développer et se résorbe sans donner lieu à aucune fibre descendante. Lorsqu'enfin une branche déjà développée se casse ou meurt, l'on voit la végétation souterraine de la racine qui lui correspond s'arrêter et cesser de produire ces fibrilles qui constituent le chevelu, seul nécessaire à la vie de l'arbre. On comprend ainsi comment un bourgeon enté sur une branche pousse dans cette branche les ramifications vasculaires qu'il eût poussées dans la branche mère. C'est une simple transplantation ; et l'on comprend ainsi pourquoi cette transplantation doit avoir lieu à une époque où la végétation est dans une phase de repos, un peu avant le moment où, sous l'afflux de la séve, elle entre dans une phase d'activité.

Un arbre est donc une fédération d'individus distincts qui vivent, meurent, se succèdent, naissent les uns des autres, et dont chaque rameau généalogique est susceptible de se ramifier et de se développer pendant de longs âges, ou au contraire est exposé à se terminer, soit par une génération stérile, soit par une destruction ou une atrophie générale accidentelle. Dans cette fédération vivante, absolument analogue à celle des polypes coralligènes et autres animaux composés, l'individu c'est le bourgeon, lui-même absolument identique à l'ovule. On pourrait même dire : c'est la feuille, diversement modifiée par l'influence atavique qui régit l'espèce, et qui sera successivement, dans chaque rameau, feuille, limbe foliacé ou organe respiratoire, épine, bractée, sépale, pétale ou organe de défense, étamine ou carpelle pour féconder ou envelopper l'ovule, bourgeon terminal, qui ne diffère des bourgeons axillaires que parce qu'ils sont destinés à évoluer en des milieux différents. *Semer*, c'est donc *faire des boutures en terre ; greffer*, c'est *semer dans un arbre* déjà vivant pour en modifier les produits.

De même, si on coupe la queue d'un lézard ou la patte d'une écrevisse, queue et patte repoussent avec une merveilleuse rapidité. Quoi d'étonnant ? Queue et patte n'auraient pas été coupées, qu'elles eussent repoussé quand même, mais à l'intérieur des anciennes, et de façon à se substituer à elles.

Le mouvement de la vie est un constant travail d'assimilation et de désassimilation. La substance même de nos os se renouvelle. Au bout d'un certain cycle d'années, le même en général dans chaque espèce, il ne reste pas dans un corps vivant une seule des molécules qui le constituaient autrefois. On a été jusqu'à dire que cette transsubstantiation s'accomplissait en nous au moins dix fois dans une vie normale de soixante et dix ans. Plus les êtres sont d'ordre inférieur, plus ce cycle est rapide. Chez certains, il s'effectue par crises parfaitement visibles, par phases brusques ou stages lents. Les vertébrés ne pourraient aisément se dépouiller de leur squelette interne, de leur charpente osseuse ; mais cette charpente s'en va atome par atome et, quand elle cesse de se détruire pour être rejetée au dehors, particule après particule, c'est que la mort vient. Ce n'est pas l'assimilation, c'est la désassimilation qui fait défaut chez le vieillard : il garde trop bien ce qu'il a, et c'est pourquoi il vieillit. Les éléments cessent d'être renouvelés, rajeunis, et ces molécules usées qu'il conserve et entasse, empêchent l'accès des nouvelles molécules vivantes qui le rajeuniraient, qui le maintiendraient fort, actif et sain. S'il arrivait à ne plus rien perdre, il serait déjà mort, ou plutôt il meurt bien avant d'avoir cessé d'exhaler au dehors les particules déjà mortes de sa substance.

Les mammifères changent presque annuellement de pelage, les oiseaux de plumes, les reptiles de peau. Il en est de même des crustacés et de certains insectes. C'est une véritable desquamation que leur métamorphose. De plus, en changeant de peau ils changent de formes. Ils dépouillent leurs yeux, leurs pattes, leurs mâchoires, perdent leurs ailes ou les gagnent. Quelques-uns repoussent en sens inverse, tête contre queue, le ventre où était le dos.

Si donc nous coupons une patte à une écrevisse, quoi de si merveilleux qu'à la saison prochaine elle en ait une neuve? Nous n'avons fait que lui enlever avant l'heure, ou d'un seul coup, ce qu'elle aurait perdu plus tard ou peu à peu ; car, molécule après molécule, elle aurait commencé par se faire, à l'intérieur de la vieille patte que nous lui avons enlevée, une patte toute jeune couverte d'une peau délicate et souple, et cette patte une fois achevée, elle l'aurait retirée de l'ancienne devenue trop étroite, qu'elle aurait jetée derrière elle, comme nous retirons un gant qui nous gêne. Nous lui avons épargné la peine de se déganter, il est vrai, non sans lui imposer une douleur plus grande. De même, le lézard aurait reconstruit sa queue, molécule à molécule, écaille par écaille ; l'autre eût disparu lentement par une résorption interne suivie d'une desquamation violente. Si nous avions coupé la tête, soit au lézard, soit à l'écrevisse, rien n'aurait repoussé, parce que l'action nerveuse centralisatrice une fois détruite, la nutrition totale se serait arrêtée, l'assimilation et la désassimilation eussent cessé à la fois ; le moteur de la machine organisatrice étant brisé, aucun rouage n'aurait pu fonctionner. Ce sont les têtes qui font les corps, et les animaux inférieurs sont vivants partout, parce qu'ils sont tout tête.

On comprend dès lors comment des êtres chez lesquels la centralisation vitale est faible, où chaque partie vit par elle-même d'une vie propre, individuelle, totale, peuvent être coupés en plusieurs morceaux sans mourir, et comment même chaque segment reproduira l'être entier. Un segment d'hydre ou de lombric qui reproduit une hydre entière, un lombric complet, c'est une branche d'arbre coupée qui, au-dessous du nœud amputé, pousse les bourgeons qu'il aurait développés au-dessus. Une tête de lombric, ce n'est pas un cerveau, c'est une bouche, rien de plus, un orifice. Cet orifice se reformera, tant que la série des ganglions nerveux qui centralise chaque anneau de l'animal sera encore assez complète, et douée d'une impulsion vitale assez forte. De même, la plante dont on coupe une seule branche n'en repousse que mieux, tandis que si on les lui enlève toutes, le bois lui-même qui les portait meurt, parce que les organes vitaux de la nutrition qui rendaient l'assimilation possible lui sont enlevés.

Une hydre, comme une plante, respire, se nourrit par toute sa surface externe, digère par toute sa surface interne. Retournons-la, et l'estomac respirera, la peau digérera. Chaque morceau d'une hydre pouvant accomplir, lui seul et indépendamment du reste, la fonction nutritive essentielle, étant centre de mouvement, d'impulsion vitale, coupé par morceaux, il assimile encore, continue à se nourrir lui-même. Toute la force dynamique qu'il eût employée à désassimiler les parties voisines enlevées, se change en puissance dynamique d'assimilation pour les reproduire. L'impulsion vitale moléculaire qui existe en lui, continue de diriger les liquides vitaux, les substances coagulables de toutes les parties absorbantes qui lui restent, vers toutes les parties qui auraient eu besoin d'absorber, si elles ne lui avaient été enlevées. Ainsi, dans chaque segment distinct, l'assimilation, la nutrition s'accélère d'autant plus que dans la désassimilation elle n'a plus d'obstacle à vaincre. Chaque molécule lancée dans un vaisseau, un tissu, eût rencontré au point où il a été coupé, détruit, une force moléculaire contraire, une inertie matérielle, une vitesse acquise ; au lieu de cela, elle rencontre un espace libre où elle s'élance, s'accumule et se dispose, selon ses affinités avec les molécules qui ne tardent pas à la suivre dans la même voie, et avec lesquelles elle forme bientôt de nouveaux tissus, identiques à ceux qui ont été préalablement enlevés et qu'elle était destinée à renouveler. Si, chez les êtres très-peu centralisés, les organes pour être segmentés ne continuent pas moins d'agir, c'est que chez eux l'impulsion vitale, au lieu de venir d'un seul point où elle est accumulée, est partout répandue, et par elle-même propre à se renouveler partout. Ce qui en reste, continuant à se nourrir, continue aussi à se reproduire. Mais l'impulsion dynamique qui effectue leur nutrition, leur reproduction, est donnée en un sens tel qu'une part de la substance assimilée par chaque segment circule dans les autres et contribue à la nourrir par un constant échange. Cette impulsion existant dans chaque segment n'est point altérée par l'amputation des segments voisins, de sorte que toutes les molécules destinées à nourrir ces segments amputés, se dirigeant vers eux comme s'ils existaient encore à leur place, viennent bientôt s'accumuler sur la blessure, s'y coaguler, y former d'abord une cicatrice, une membrane, une enveloppe protectrice. Mais cette cicatrice va constamment reculer, être repoussée. Ce sera le couvercle mobile d'un creuset dans lequel se continuera le travail de cristallisation cellulaire et d'élaboration de la vie. De proche en proche chaque partie amputée sera renouvelée par l'afflux constant de particules nutritives. Pendant ce temps chaque segment d'hydre aura beaucoup assimilé, parce qu'il aura eu beaucoup à réparer. Privé de l'appareil nutritif que lui auraient fourni les segments supprimés, il aura dû, au contraire, les nourrir à lui seul, non tout en leur entier et à la fois, mais partie par partie : chaque partie nouvelle, il est vrai, une fois reproduite, coopérant aussitôt à l'œuvre générale de nutrition et de reproduction du tout. Chaque partie ainsi complétée aura absorbé autant qu'une hydre entière, et désassimilé seulement autant qu'un segment. Au résultat l'hydre coupée se sera multipliée par le nombre de ses segments. C'est un procédé de génération forcée qu'on lui a imposé.

Ce procédé, violemment imposé chez l'hydre, n'y réussit peut-être que parce qu'il est normal chez certains êtres de type analogue, et continue d'exister chez d'autres à l'état de faculté latente, ne se manifestant que sous l'action de certaines causes accidentelles. De quelle utilité, en effet, ne dut-il pas être aux organisations primitives, molles et inertes, c'est-à-dire encore dépourvues de toute faculté motrice, de toute sensibilité centrale pour les avertir du danger par la souffrance, de pouvoir réparer des lésions qu'elles ne pouvaient éviter ! Que la tempête jetât violemment une masse flottante de polypes hydraires contre des rochers ; qu'ils fussent déchirés, divisés par la chute d'un fragment de falaise ; que plus tard un mollusque, un reptile, arrachât un de leurs segments par une inévitable morsure : la faculté de réparer ces lésions vint tenir lieu à l'être inférieur de la faculté de s'en garantir acquise par les êtres supérieurs, sous l'action de la sélection naturelle.

Cette faculté de réparation, du reste, est fort analogue, nous l'avons vu, à la reproduction par germes. Ce n'est, comme elle, qu'un cas particulier et complexe de la génération cellulaire. Chez certains polypes, certains infusoires, la génération est une véritable segmentation normale ; seulement, ici, l'amputation n'a lieu qu'après la reproduction, au lieu de la précéder ; car le plus souvent le segment qui se détache diffère déjà très-peu de l'animal complet dont il provient et qu'il doit reproduire à son tour, en son entier.

De même, la cicatrisation d'une blessure chez un être d'ordre supérieur ne s'effectue point en vertu de procédés spéciaux, de lois exceptionnelles. Qu'un millimètre de peau soit enlevé, les liquides coagulables qui circulent dans les vaisseaux voisins viennent affluer sur la blessure, y former la cicatrice provisoire, et sous cette cicatrice la peau se reforme en vertu de l'impulsion organisatrice générale qui, plus lentement, aurait désassimilé et réassimilé, c'est-à-dire détruit et reconstruit la partie enlevée. Seulement, l'afflux des liquides coagulables, accéléré et excité par l'existence même de la blessure et le contact libre de l'air qui en résulte, a précipité le mouvement réorganisateur par un appel plus abondant de substance organisable. C'est de même encore qu'un nerf détruit dans un muscle, au bout d'un certain temps est régénéré par ce muscle, accoutumé, en vertu d'une impulsion moléculaire constante, à le nourrir et à le régénérer. Seulement il le régénèrera plus vite. Si un doigt coupé ne repousse pas de même, c'est que chaque vertèbre, chaque membre, chaque os d'un membre, chez tout vertébré est un individu subordonné, un centre vital secondaire, un zoonite qui conserve en réalité sa personnalité propre, et dont les diverses parties, en corrélation réciproque, sont l'une pour l'autre mutuellement effet et cause. Dans chaque phalange de nos doigts, os, muscle, nerfs, vaisseaux, peau, tout se nourrit, s'entretient l'un l'autre aux dépens de l'apport des molécules vitales que le sang oxygéné apporte au système. Or, si vaisseaux, peau, nerfs, muscle et os, tout manque à la fois, comment y aurait-il reproduction, puisque, les canaux circulatoires du sang étant coupés, ce sang ne peut plus affluer. Cependant, non-seulement la blessure se cicatrise, mais un moignon plus ou moins développé, plus ou moins complétement organisé, bien que sans os et sans nerfs, se reforme souvent. Si le sujet est jeune et sain, parfois même ce moignon devient capable de certains mouvements qui prouveraient qu'il n'est pas totalement dépourvu de filets nerveux. C'est que le sang, appelé dans la phalange qui précède, est poussé, par l'impulsion vitale héréditaire et par la disposition des rouages organiques de tout le membre blessé, à suivre son cours accoutumé. Lancé dans les artères vers les extrémités, il ne peut revenir au centre que par les veines en traversant les capillaires, et, en vertu de cette impulsion toute mécanique, il tend à se tracer un nouveau cours, à se reconstruire un nouveau réseau de canaux capillaires qui lui permettent de continuer son circuit. En attendant, il afflue, s'emmagasine près de la blessure, et sous la cicatrice, reproduit d'abord une masse de tissu cellulaire sans adaptation à une fonction spéciale, mais propre, pour cela même, à les suppléer toutes. Aux dépens de cette masse, et à mesure qu'elle se produit, se reforme et s'étend le réseau détruit de la peau, la chair enlevée des muscles ; ceux-ci font effort, pourrait-on dire, pour reconstruire à leur tour les nerfs et réparer leur solution de continuité avec leurs racines. Mais l'os désarticulé, déboîté, comment se reproduirait-il si les ligaments même sont coupés, détruits ? Cependant on a quelques exemples déjà de cette expansion de vie exceptionnelle dont la science ne désespère pas de faire un jour la règle. On a vu se former des rudiments d'os, dans l'intérieur de ces moignons ; mais la ligature, l'articulation, reste incomplète et inhabile à recevoir les impulsions de la volonté. En somme, toute la forme interne ou externe de ce produit anormal de la vie dont toutes les conditions d'accroissement et de formation ont été troublées, est une production qui tend à démontrer seulement la faculté d'adaptation des forces organiques héréditaires aux conditions de milieu et d'évolution les plus changeantes. Dans cette évolution anormale, en quelque chose monstrueuse et très-variable chez chaque sujet, tout effet dont la condition antérieure a manqué totalement ou partiellement, n'a pu se produire lui-même que partiellement et sous une forme altérée. En somme, aucune force vitale nouvelle n'a été mise en jeu pour causer la succession de ces phénomènes; mais la force vitale primitive, initiale, entretenue dans l'individu par la nutrition, s'est manifestée par des produits différents, leur condition de production et de succession ayant changé.

Tant que, chez un individu, il reste quelque chose de cette impulsion initiale, organisatrice et centralisatrice; tant que quelque force contraire, quelque frottement interne, quelque obstacle externe, quelque cause désorganisatrice, chimique ou physique, ne l'a pas détruite, le mouvement vital reste inaltéré, avec ses propriétés actives; ses phénomènes évolutifs continuent de se succéder dans leur ordre invariable. La vie, en un mot, n'est qu'un mouvement de la matière; l'acte générateur est son impulsion initiale; la végétation, son expansion, son renouvellement régulier. L'hérédité, c'est la ligne résultante suivant laquelle il se produit et se communique d'une génération individuelle à celle qui la suit, aussi bien du rameau à ses bourgeons que du bourgeon à ses ovules. Cette ligne, toujours droite quand ses composantes sont parallèles, fait toujours un angle quelconque avec chacune de ses composantes, dès que celles-ci s'écartent du parallélisme, ou que des circonstances accidentelles, des forces physico-chimiques externes viennent modifier la direction initiale qui eût résulté de l'influence des forces ataviques. C'est pourquoi l'axiome que le semblable produit le semblable est faux. Il exprime une exception théorique possible, mais, dans sa rigueur absolue, absolument improbable, et non la règle générale qui régit la transmission de la vie de façon à rendre possible et inévitable la création constante de formes nouvelles, complétement inédites.

Paris. — Typographie A. Hennuyer, rue d'Arcet, 7.

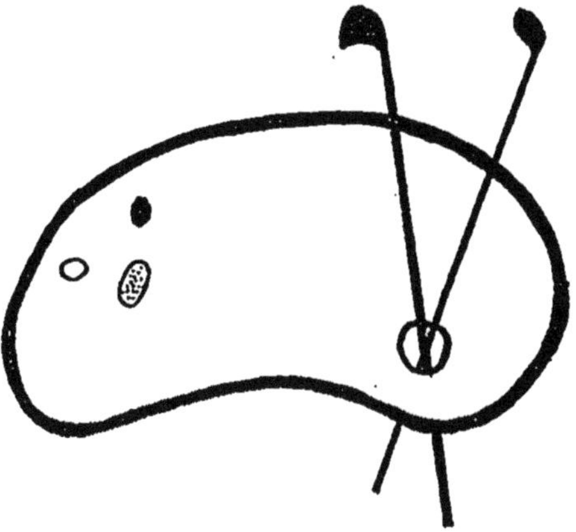

www.ingramcontent.com/pod-product-compliance
Ingram Content Group UK Ltd.
Pitfield, Milton Keynes, MK11 3LW, UK
UKHW022134190726
13855UKWH00003B/1147

9 782013 479738